W0363819

STRATIS KARAMANOLIS

ALBERT EINSTEIN

FÜR ANFÄNGER

ISBN 3-922238-35-1

© Copyright 1984 Karamanolis Verlag
Nibelungenstr. 14
8014 Neubiberg b. München
Tel.: (089) 601 13 56

Alle Rechte, auch die des auszugsweisen Nachdrucks, der fotomechanischen Wiedergabe und der Übersetzung, vorbehalten.
Satz: AK Satzservice GmbH, 8912 Kaufering
Druck: Grafische Kunstanstalt Liebl & Neisius, München
Printed in West Germany

Inhaltsverzeichnis

Einleitung

Der berühmte deutsche Physiker Max Planck nannte Einstein den „Kopernikus des 20. Jahrhunderts“, der Genetiker J.B.S. Haldane bezeichnete ihn als den „bedeutendsten Juden seit Jesus“, und N. Calder charakterisierte ihn mit den gleichen Worten, die der Physiker E. Helley einst für seinen Freund Isaac Newton fand: „Kein Sterblicher kam den Göttern näher.“

Der Mann, der bereits zu Lebzeiten zur Legende wurde und in den Vereinigten Staaten bekannter war als der damalige Präsident Franklin Roosevelt, ist gleichwohl für das breite Publikum bis auf den heutigen Tag aus den unterschiedlichsten Gründen ein Buch mit sieben Siegeln geblieben.

Es besteht kein Zweifel, daß ein angemessenes Verständnis von Einsteins Relativitätstheorie, insbesondere der allgemeinen Relativitätstheorie und der einheitlichen Feldtheorie, ein bestimmtes Quantum mathematischer Kenntnisse voraussetzt. Das bedeutet jedoch keineswegs, daß man Einsteins Gedankengänge nicht vereinfachen und damit auch dem mathematisch wenig vorgebildeten Leser zugänglich machen kann. Daß es nur wenige entsprechende Versuche gibt, hängt mit der aus den Anfängen der Relativitätstheorie stammenden Legende zusammen, daß Einstein für normale Sterbliche ohnehin unverständlich sei. Diese Legende hat die Zeiten bis auf den heutigen Tag, d.h. nahezu drei Jahrzehnte nach Einsteins Tod, überdauert und das Erscheinen allgemeinverständlicher Einführungen in das Lebenswerk des genialen Naturwissenschaftlers zum Teil verhindert.

Die Entstehung dieser Legende und ihr hartnäckiges Fortleben haben ihre guten Gründe, die z.T. aus der Situation zu Beginn des 20. Jahrhunderts resultieren. Zu jener Zeit trat ein junger Mann in Erscheinung, der nicht nur für das breite Publikum, sondern mit wenigen Ausnahmen auch für die etablierten Mathematiker und Naturwissenschaftler ein gänzlich „unbeschriebenes Blatt“ war, dabei jedoch Anschauungen verfocht, die eine Revolution der seit Jahrhunderten vertretenen Naturwissenschaft bedeuteten, und Begriffe in die Welt setzte, die das Fassungsvermögen des zeitgenössischen Naturwissenschaftlers und erst recht des Mannes auf der Straße bei weitem überstiegen. Da hieß es z.B., die Zeit sei relativ und man könne durch Reisen mit hohen Geschwindigkeiten den Tod „besiegen“. Ferner sollte die Masse der Energie äquivalent sein, so daß etwa ein Stück Holz, vereinfacht ausgedrückt, einer unvorstellbar großen Energiemenge entspräche. Das Weltall sollte überdies gekrümmte Gestalt besitzen und deshalb unendlich, doch endlich groß sein. Die Gravitation sollte die Zeit verlangsamen u.v.a.m.

Die herkömmliche Wissenschaft fand sich mit einem Mal auf schwankendem Boden und auch die Religion fühlte sich betroffen. Ein neuer Kopernikus? Ein zweiter Galilei? Oder lediglich ein gefährlicher Scharlatan, der nicht mehr als Unruhe stiften will?

Als ein katholischer Bischof in den zwanziger Jahren in Berlin in einem Vortrag Einsteins über die Relativitätstheorie einen Physiker traf, den er persönlich kannte, rief er überrascht aus: „Ach, ich wußte gar nicht, daß sich auch Physiker für Einsteins Relativitätstheorie interessieren."

In der Tat scheuten viele Physiker davor zurück, sich mit der Relativitätstheorie zu befassen, und verbreiteten Stellungnahmen, die nur Verwirrung und Vorbehalte weckten.

Die Legende nennt Einstein den größten Mathematiker aller Zeiten, dessen Gedankengebäude dem normalen Menschenverstand unzugänglich sei. Es tut seiner Genialität keinen Abbruch, wenn wir an dieser Stelle feststellen, daß diese Legende nicht den Tatsachen entspricht. Einsteins Genialität bestand in erster Linie darin, daß er imstande war, übergreifende Zusammenhänge zu erkennen und diese zu einer vollständigen Theorie zu integrieren. Er war gleichsam ein „System-Ingenieur" der Naturwissenschaften. Die Ausarbeitung der mathematischen Einzelheiten überließ er fähigeren Mathematikern, mit denen er zusammenarbeitete. Sein eigenes Verhältnis zur Mathematik verdeutlichen seine Äußerungen:

> „Die Hauptsache ist doch der Inhalt, nicht die Mathematik. Mit der Mathematik kann man nämlich alles beweisen."

> „Mathematik ist die einzige perfekte Methode, sich selber an der Nase herumzuführen."

> „Es gibt die erstaunliche Möglichkeit, daß man einen Gegenstand mathematisch beherrschen kann, ohne den Witz der Sache wirklich erfaßt zu haben."

Mittlerweile ist bekannt, daß Einstein die mathematische Ausarbeitung seiner speziellen Relativitätstheorie oder besser gesagt des Raum-Zeit-Kontinuums seinem ehemaligen Zürcher Lehrer Hermann Minkowski überließ und für die mathematische Formulierung seiner allgemeinen Relativitätstheorie die Hilfe seines Freundes, des Mathematikers Marcel Großmann suchte, wie sein Schreiben vom Oktober 1912 belegt:

> „Ich beschäftige mich jetzt ausschließlich mit dem Gravitationsproblem und glaube mit Hilfe eines hiesigen befreundeten Mathematikers aller

Schwierigkeiten Herr zu werden. Aber das eine ist sicher, daß ich mich im Leben noch nicht annähernd so geplagt habe, und daß ich große Hochachtung für die Mathematik eingeflößt bekommen habe, die ich ... in ihren subtileren Teilen in meiner Einfalt für puren Luxus ansah."

Äußerungen dieser Art mögen für viele Bewunderer Einsteins enttäuschend klingen. Sie ändern nichts daran, daß seine Genialität als Naturwissenschaftler unübertrefflich war und bleibt.

1 “Albertle” erblickt das Licht der Welt

Etwa 160 km von München entfernt liegt im Schwabenland die Stadt Ulm. Ein Schild am Ortseingang erinnert daran, daß Ulm Universitätsstadt ist, und die Ulmer selbst pflegen sich in Anspielung auf den größten Sohn der Stadt als „Mathematiker“ zu bezeichnen. In Ulm erblickte am 14. März 1879 in der Bahnhofsstraße Albert Einstein das Licht der Welt, dessen bahnbrechende Entdeckungen das Antlitz der Welt verändern sollten. „Albertle“, wie ihn seine aus der gleichen Gegend stammende zweite Frau auf schwäbisch nannte, war der Sohn von Hermann Einstein (1847—1901) und Pauline Koch (1852—1920), die beide aus seit Generationen ortsansässigen Familien stammten. Der Vater war Jude, doch spielte das Judentum in der ganz in der schwäbischen Umgebung aufgegangenen Familie keine besondere Rolle. Als Bürger einer deutschen Kleinstadt gingen die Familienmitglieder herkömmlichen Berufen nach, die das tägliche Brot einbringen mußten. Eben dies gelang jedoch Einsteins Vater nicht ohne Schwierigkeiten. Das kleine Elektrogeschäft, das er in Ulm betrieb, vermochte die Familie nicht zu ernähren, so daß er sich genötigt sah, 1880 nach München zu ziehen, das mit damals weit über 100000 Einwohnern und zwei Pferdebahnen für den öffentlichen Transport den Ulmer „Provinzlern“ als die große weite Welt mit unbegrenzten Möglichkeiten erscheinen mußte.

Für Albert Einstein war mithin nicht Ulm, sondern München die Stadt seiner Jugend, eine Stadt, die bereits damals das kulturelle Zentrum des süddeutschen Raumes darstellte, ehe sie in späteren Jahren die „heimliche Hauptstadt“ des Deutschen Reiches wurde.

Die Familie ließ sich in einem Landhaus in Sendling, einem Vorort der Stadt nieder, und die Geschwister Hermann und Jakob Einstein betrieben dort eine kleine Elektrofabrik, die unter der Adresse Rengeweg 14 mit dem Firmennamen „Einstein & Cie.“ eingetragen wurde. Onkel Jakob kümmerte sich um die technische Seite des Geschäfts, während der Vater für die kaufmännischen Belange verantwortlich war.

Die Fabrik — eine Art „Siemens“ im Kleinen — sollte Elektrogeräte wie Dynamos, Bogenlampen und dergleichen herstellen und vertreiben. Auch hier blieb der durchschlagende Erfolg aus, doch konnte sich die Familie mehrere Jahre lang in München halten. Der Vater genoß das bunte Leben der Großstadt mit ihren berühmten Biergärten, begrüßte mit der Mehrzahl seiner Mitbürger die Gründung des Deutschen Reiches und war ein Anhänger Bismarcks, Moltkes und vor allem des alten Kaisers Wilhelms I. Mutter Pauline dagegen ging eher in der Musik auf. Sie spielte Klavier und weckte Einsteins spätere Neigung zur Musik, insbesondere seine Liebe zum Geigespielen, die ihn sein ganzes Leben hindurch begleitete.

Bild 1: Einsteins Geburtshaus in Ulm (links). Einstein als Sechsjähriger mit seiner einzigen Schwester Maria (rechts). (Foto: F. Braun)

Über die Münchener Jahre Albert Einsteins ist wenig bekannt. Er wuchs offenbar heran, wie andere Jungen auch, und ließ durch nichts seine spätere Genialität erkennen. Im Gegenteil begann er erst relativ spät zu sprechen, so daß seine Eltern sich bereits Sorgen um seine schulische Laufbahn zu machen begannen. Auch legte er eine gewisse Einseitigkeit an den Tag und war nichts weniger als ein fröhliches Kind, was ihm von einer Gouvernante, die für seine Erziehung verantwortlich war, den Namen „Paterlangweil“ eintrug. Auch mied der Junge jede körperliche Anstrengung und zog sich oft aus der Schule in den Schoß der Familie zurück. Die Schule betrachtete er als eine Anstalt von der Art einer Militärkaserne, wo alles im Befehlston erledigt wurde. Seine Einstellung wird verständlich, wenn man das damalige Schulklima mit dem heutigen vergleicht. Noch unsere Generation erinnert sich an ein vergleichbares schulisches Reglement: Strammstehen, wenn der Lehrer die Klasse betritt oder verläßt; Kontrolle der Sauberkeit der Fingernägel; Arrest im dunklen Keller als Strafe für irgendeine Lappalie usw. Über seine Schuleindrücke sagte Einstein in späteren Jahren:

„Die Lehrer in der Elementarschule kamen mir wie Feldwebel vor und die Lehrer im Gymnasium wie Leutnants."

Seit seinem sechsten Lebensjahr wurde Einstein von seinen Eltern angehalten, Musikstunden zu besuchen, die er zunächst als Zwangsarbeit betrachtete und die ihm die Freude an der Musik anfänglich eher erschwerten.

Mit zehn Jahren beendete er die Elementarschule und trat in das Luitpold-Gymnasium in München ein. Auch hier konnte ihm der Unterricht jedoch keine Begeisterung abgewinnen. Lediglich die Mathematik wurde zu seinem Lieblingsfach, obwohl er später feststellte, daß er darin am wenigsten durch den Schulunterricht gelernt habe. Den Grundstock mathematischer Kenntnisse hatte ihm vielmehr sein Onkel Jakob beigebracht, und Einstein erweiterte dieses Wissen durch ein unbefangenes und vom eigenen Interesse geleitetes Selbststudium:

„Das ist eine lustige Wissenschaft: Wenn man das gesuchte Tier nicht einjagen kann, so gibt man ihm vorläufig den Namen ‚x' und jagt so lange, bis es zur Strecke gebracht ist."

Diese Äußerung des jungen Einstein darf vielleicht als das älteste überlieferte Zeugnis seiner Zuneigung zur Mathematik und später zu den Naturwissenschaften angesehen werden. Früh begeisterte er sich für die euklidische Geometrie, über die er später einmal äußerte, wer kein Gefallen daran fände, sei nicht geboren, Philosoph zu werden. Auch das Interesse an den Naturwissenschaften schöpfte Einstein nicht aus dem Unterricht an Elementarschule und Gymnasium, sondern aus der Lektüre populärwissenschaftlicher Bücher. Ein russischer Student jüdischer Abstammung, der jeden Donnerstag umsonst in seinem Elternhaus zu Mittag aß, machte den jungen Albert auf die naturwissenschaftlichen Volksbücher Aaron Bernsteins aufmerksam, die zu jener Zeit in Deutschland unter den Laien sehr beliebt waren. Sie behandelten die Tier- und Pflanzenwelt, den Vulkanismus, Erdbeben, Meteore usw. und waren darauf angelegt, naturkundliche Zusammenhänge volkstümlich zu erklären.

Im allgemeinen beschäftigte sich Einstein während der Gymnasialzeit mithin mehr mit dem Selbststudium als mit dem eigentlichen Schulunterricht, der ihm wegen seines Zwangscharakters mehr und mehr verleidet wurde.

„Ich denke, daß man selbst einem gesunden Raubtier seine Freßgier wegnehmen könnte, wenn es gelänge, es mit Hilfe einer Peitsche fortgesetzt zum Fressen zu zwingen, wenn es keinen Hunger hat, besonders wenn man die unter solchem Zwang verabreichten Speisen entsprechend auswählte.“

Trotz allem besuchte Einstein das Luitpold-Gymnasium fünf Jahre lang ungestört. Als er fünfzehn Jahre alt war, geriet der Vater jedoch erneut in finanzielle Schwierigkeiten und sah sich gezwungen, die Elektrofabrik, die er in mühevoller Arbeit mit seinem Bruder aufgebaut hatte, zu liquidieren und sein Glück in der Fremde, diesmal in Italien zu suchen. Während die Familie — Vater, Mutter und die Schwester Maria („Maja“) — nach Mailand übersiedelte, blieb Einstein in München, um die höhere Schule zu beenden. Das Abgangszeugnis des Gymnasiums war die Voraussetzung für das von der Familie angestrebte Hochschulstudium des Sohnes, und Albert konnte sich mit seiner Meinung nicht durchsetzen, daß ein solches Studium doch auch ohne das leidige Zeugnis möglich sein müsse. Er mußte dem Druck der Eltern nachgeben und zog in ein Münchener Internat. Kaum waren jedoch sechs Monate vergangen, als Einstein sich erneut mit dem Gedanken trug, das Gymnasium zu verlassen und seiner Familie nach Mailand zu folgen. Da er seine Mitschüler in der Mathematik längst überflügelt hatte, war er der Meinung, daß die Studienbedingungen im Ausland weniger streng gehandhabt würden als in Deutschland und daß er auch ohne Gymnasialzeugnis Aufnahme an einer Hochschule finden würde — ein Irrtum, wie sich später herausstellte. Er verschaffte sich jedenfalls von einem Arzt ein Zeugnis, daß er aufgrund einer Nervenkrankheit einen sechsmonatigen Erholungsurlaub benötigte, und ließ sich von seinem Mathematikprofessor bestätigen, daß seine mathematischen Kenntnisse so fortgeschritten seien, daß sie ein Hochschulstudium auch ohne Matura erlaubten. Noch während er diese Vorbereitungen traf, stellte sich heraus, daß seine Anwesenheit am Luitpold-Gymnasium ohnehin nicht mehr gewünscht wurde, da seine unüberwindliche Abneigung gegen den schulischen Drill und sein Betragen gegenüber Lehrern und Mitschülern nicht ohne Wirkung geblieben waren. So ließ ihn sein Klassenlehrer eines Tages wissen, daß es besser wäre, wenn er das Gymnasium verließe. Auf die Frage, welcher Verfehlungen er sich schuldig gemacht habe, antwortete der Lehrer: „Ihre bloße Anwesenheit in der Klasse verdirbt den Respekt der anderen Schüler.“ Nun gab es keinen Grund mehr, länger in München zu bleiben. Albert Einstein folgte seiner Familie nach Italien. Sein Weltbild hatte die erste entscheidende Prägung erfahren: seine Neigung zur Mathematik und den Naturwissenschaften ging einher mit einer unüberwindlichen Abneigung gegen jede Form des Zwangs und des Militarismus, der „Soldaterei“, wie er zu sagen pflegte. Gewiß waren dies Eigenschaften, die in dieser oder ähnlicher Form von vielen seiner Altersgenossen geteilt wurden, die es im Leben zu einem tüchtigen, aber durchschnittlichen Physiklehrer, Ingenieur oder derglechen bringen mochten. Nichts weniger als Anzeichen wissenschaftlicher Genialität, wiesen sie Einstein in seiner damaligen Umgebung allenfalls als Sonderling aus.

Kaum in Italien angekommen, suchte Einstein, aus der deutschen Staatsbürgerschaft entlassen zu werden. Sein Vater kam dem Wunsch nach, ohne jedoch seinem Schritt zu folgen. Gleichzeitig trat er aus der jüdischen Glaubensgemeinschaft aus. Staatenlos, religionslos und ohne abgeschlossene Schulbildung lebte nun der Fünfzehnjährige von der Unterstützung des Vaters, dessen Geschäfte sich auch in Italien nicht gerade rosig anließen. Die Familie sah sich deswegen gezwungen, den Jungen zu einem technischen Beruf zu drängen, damit er sich bald sein eigenes Brot verdienen konnte. Erneut erhob sich nun die Frage des Gymnasialzeugnisses, und da der Weg nach München verbaut war, faßte Einstein den Gedanken, nach Zürich zu gehen und die Aufnahmeprüfung am Zürcher Polytechnikum ohne Gymnasialzeugnis zu wagen. Das geplante Ingenieurstudium erschien ihm als ein annehmbarer Kompromiß zwischen den Wünschen der Familie und dem eigenen Ziel eines Studiums der Naturwissenschaften.

Bild 2: Albert Einstein (sitzend, erster von links) als Schüler in Aarau. (Foto: ETH-Zürich)

Einstein begab sich daher im Jahre 1895 nach Zürich. Doch obwohl seine Prüfungsergebnisse erwiesen, daß er die meisten seiner Mitbewerber bei weitem überflügelte, wurde ihm die Aufnahme in das Polytechnikum aufgrund des fehlenden Gymnasialzeugnisses verwehrt. Von der mathematischen Begabung des Jungen beeindruckt, riet ihm der Direktor des Polytechnikums, die Kantonale Schule in Aarau zu besuchen, um dort das benötigte Zeugnis zu erwerben. Ein Jahr lang besuchte der Sechzehnjährige daher die Schule in Aarau, wo er bei seinem Lehrer Winteler wohnte, dessen Sohn in späteren Jahren Einsteins Schwester Maja heiraten sollte.

Am Ende des Schuljahres ist Einstein endlich im Besitz des leidigen Gymnasialzeugnisses, das ihm im Jahre 1897 ohne weitere Prüfung die Aufnahme in das Zürcher Polytechnikum ermöglicht. Er hatte allerdings seine Studienpläne inzwischen geändert und strebte nunmehr den Beruf eines Lehrers für Physik und Mathematik an.

Mit der Aufnahme des Studiums am Zürcher Polytechnikum beginnt für Einstein ein neuer Lebensabschnitt. Gewiß ist die Studienzeit für jeden Studenten von entscheidender Bedeutung für das gesamte spätere Leben, denn in dieser Zeit werden die Grundlagen nicht allein für seinen beruflichen Werdegang, sondern auch für sein persönliches Weltbild geschaffen, dem er ein ganzes Leben hindurch verbunden bleiben wird. Hier werden die Weichen für die Bahnen gestellt, in denen sich seine Persönlichkeit in späteren Jahren entwickelt. Für Einstein ist diese Weichenstellung eindeutig. Ein konzentriertes Interesse an den Naturwissenschaften geht mit einem ausgeprägten Desinteresse an den Routinevorlesungen einher, die er langweilig findet, weil sie seine Neugier nicht zu befriedigen vermögen. Er sucht seinen Wissensdurst daher durch eigene Lektüre zu stillen und stößt auf die Arbeiten von Helmholtz, Maxwell, Newton, Hertz, Kirchoff, Boltzmann usw., die nicht allein den Wissenstand der zeitgenössischen Naturwissenschaften vermitteln, sondern insbesondere — und das ist für Einsteins spätere Entwicklung von weitaus größerer Bedeutung — die Widersprüche der physikalischen Theorie der Zeit hervortreten lassen.

Aus der Zürcher Studienzeit datieren überdies einige Bekanntschaften und Beziehungen, die für Einsteins späteres privates und berufliches Leben von Bedeutung wurden. An erster Stelle gilt dies für die Freundschaft zu der Studentin Mileva Marič, die Einsteins erste Frau wurde und ihm in den Jahren ihres Zusammenlebens zwei Söhne schenkte. Mileva stammte aus Ungarn, ihre Muttersprache war das Serbokroatische, ihre Religion das orthodoxe Christentum. Sie war eine der zahlreichen Studenten, die aus den Ländern des slavischen Ostens und Südostens zum Studium an das Zürcher Polytechnikum kamen, das zu den berühmtesten seiner Zeit zählte. Auch Lenin und Bucharin gehörten zu dieser Gruppe. Von großer Bedeutung ist ferner Einsteins Freundschaft zu seinem Kommilitonen Friedrich Adler, dem wir in seinem späteren Leben wiederbegegnen werden.

Bild 3: Albert Einstein (Mitte) mit den Geschwistern Großmann um 1900 in Zürich. (Foto: ETH-Zürich)

Den Lebensunterhalt während seines Studiums verdankt Einstein einer Tante, die ihm monatlich 100 Schweizer Franken überwies, weil die finanzielle Lage der Familie eine Unterstützung des Sohnes nicht erlaubte. Jeweils 20 Franken behielt der Student zurück, um eines Tages die Schweizer Staatsangehörigkeit zu erwerben, weil ihm die Schwierigkeiten einer Existenz als Staatenloser inzwischen bewußt geworden waren und er keinesfalls erneut um die deutsche Staatsbürgerschaft nachsuchen wollte.

2 Einstein und sein Umfeld um die Jahrhundertwende

Wir verlassen an dieser Stelle die Schilderung der Lebensgeschichte Einsteins, um uns einen Einblick in den Stand der Naturwissenschaften um die Jahrhundertwende zu verschaffen, ohne dessen Kenntnis die späteren Gedankengänge des Gelehrten nicht zu verstehen sind.

2.1 Die Vorgeschichte

Thales von Milet (624—545 vor Christi Geburt), der Entdecker der Elektrizität, vertrat die Ansicht, die Erde sei eine auf dem Wasser schwimmende flache Scheibe. Wasser war für ihn der Ursprung aller Dinge. Es war das Medium, das nicht allein die Erde selbst, sondern auch den Himmel mit seinen zahllosen Gestirnen umschloß.

Thales' Lehre von Himmel und Erde war aber nur eine der zahlreichen Theorien des Altertums, die sich mit der Astronomie beschäftigten. Dabei wurden die Grenzen zwischen dem, was wir heute unter Astronomie verstehen, und astrologischen Vorstellungen und Anschauungen nicht immer eingehalten.

Die Griechen waren die ersten, die um das 6. Jahrhundert vor Christi Geburt den Versuch unternahmen, Astrologie und Astronomie zu scheiden und eine rein astronomische Wissenschaft zu begründen. Ihre Bemühungen blieben jedoch ohne Erfolg, da sie bei den verschiedenen Modellen der Himmelsmechanik von falschen Voraussetzungen ausgingen: Die Sonne, der Mond, die übrigen Planeten und die zahllosen Gestirne sollten nur deswegen nicht auf die Erde herunterfallen, weil sie auf Kugelschalen angeordnet waren. Diese Kugelschalen sollten rotieren und die Gestirne mit verschiedenen Geschwindigkeiten um die Erde herumtragen — eine Theorie, die sich nicht lange behaupten konnte, da die Annahme eines einzigen Satzes konzentrischer Kugelschalen (Sphären) das Verhalten der Gestirne nicht eindeutig zu erklären erlaubte.

Später versuchte man, des Problems durch die Annahme mehrerer unabhängiger Sphären Herr zu werden. Der Gelehrte Eudoxos von Knidos (um 408—355 vor Christi Geburt) mußte sich bereits mit 27 Kugelschalen plagen. Spätere Gelehrte erhöhten diese Zahl gar auf 57. Dennoch ließ sich das Problem auch auf diese Weise nicht lösen. Man sah sich daher gezwungen, die Vorstellung der Kugelschalen aufzugeben und nach neuen Erklärungen zu suchen.

Die berühmteste unter allen Lehren über den Aufbau des Weltalls war ohne Zweifel die ptolemäische, die die Erde als Mittelpunkt des Sonnensystems ansah. Claudius Ptolemäus (um 100—180 nach Christi Geburt), ein Grieche aus Alexandria in Ägypten, entwickelte diese Anschauung, die unter dem Namen „Almagest" Weltruf erlangte und trotz aller Einwände bis zur Zeit des Kopernikus (1473—1543) gültige und allgemein anerkannte Theorie blieb.

Bild 4: Nikolaus Kopernikus (1473—1543).
(Foto: Deutsches Museum)

Inzwischen war Thales' Auffassung der Erde als einer flachen Scheibe aufgegeben worden, und die Idee der kugelförmigen Gestalt der Erde begann an Boden zu gewinnen. Ein wesentliches Argument für die neue Auffassung war die Tatsache, daß die Erde stets einen kreisförmigen Schatten auf den Mond warf und daß die Schiffe am Horizont zu versinken scheinen.

Die Ablösung des ptolemäischen Weltbildes erfolgte jedoch erst durch die bis heute gültige Theorie, die der polnische Astronom Kopernikus im 15. Jahrhundert entwickelte. Kopernikus veröffentlichte kurz vor seinem Tode ein sechsbändiges Werk über die Himmelsmechanik, in dem er zeigte, daß nicht die Erde, sondern die Sonne den Mittelpunkt unseres Planetensystems bildet — eine Theorie, die bereits im Jahre 275 vor Christi Geburt von dem griechischen Astronomen Aristarchos von Samos aufgestellt worden war.

Kopernikus ordnete zwar die Erde und die damals bekannten fünf Planeten in der richtigen Reihenfolge um die Sonne an, schrieb ihnen jedoch kreisförmige Bahnen zu, was sich später als falsch erwies.

Die kopernikanische Theorie löste zu ihrer Zeit eine Revolution aus. Sie wurde sowohl von der Wissenschaft als auch von der Kirche aus unterschiedlichen Gründen heftig kritisiert und angegriffen. Die Kirche sah darin eine Degradierung der Erde, d.h. der Heimat des von Gott geschaffenen Menschen. Die Wissenschaft ihrerseits war nicht im Stande, die ein Jahrtausend alte ptolemäische Anschauung von heute auf morgen aufzugeben. So gehörte etwa der dänische Astronom Tycho Brahe (1546—1601) zu den heftigsten Kritikern der kopernikanischen Theorie und versuchte sie mit allen Mitteln zu widerlegen. Sein Versuch, die Erde als Zentrum des Sonnensystems zu verteidigen blieb jedoch ohne Erfolg.

Dem deutschen Astronomen Johannes Kepler (1571—1630), einem Schüler von Tycho Brahe, gelang es endlich, die kopernikanische Theorie in Einklang mit der Beobachtung zu bringen, indem er die Annahme kreisförmiger Planetenbahnen um die Sonne durch die Annahme elliptischer Bahnen ersetzte. Er erkannte mit anderen Worten, daß die Sonne nicht im Zentrum des Planetensystems, sondern leicht exzentrisch steht. Kepler vermutete zudem, daß die Sonne für die Anziehung der Planeten verantwortlich sei, eine These, die später zur Entdeckung der Gravitationsgesetze führen sollte.

Bild 5: Johannes Kepler (1571—1630)
(Foto: Deutsches Museum)

Keplers Zeitgenosse Galilei endlich gelang mit Hilfe des von ihm erfundenen Fernrohrs die Entdeckung der Jupitermonde. Er erkannte in ihnen ein verkleinertes Modell des Planetensystems, d.h. er wertete seine Entdeckung als optische Bestätigung der kopernikanischen Theorie. Galilei formulierte die Prinzipien der Mechanik, die später von Newton für die Konzeption eines „vollendeten" kopernikanischen Weltsystems verwendet wurden.

Bild 6: Galileo Galilei (1564—1642). (Foto: Deutsches Museum)

2.2 Die Newton'sche Lehre und ihre Schwächen

Gestützt auf die Erkenntnisse der Vorgänger, schuf Isaac Newton (1643—1717) die unter seinem Namen bekannte Lehre, die sog. Newton'sche Mechanik. Die Planetenbewegungen wurden darin durch das Gravitationsgesetz erklärt, das eine stimmige Konzeption des Weltbildes zu gewährleisten schien. Trotz der Einwände Leibniz' sollte die mechanistische Lehre, die jedes Naturphänomen zu erklären suchte, über zwei Jahrhunderte hindurch ihre Gültigkeit bewahren.

Die Wende des 19. und 20. Jahrhunderts ist für die Naturwissenschaften die Zeit einer theoretischen Krise ohnegleichen. Die mechanistischen Vorstellungen der Vorgänger hatten sich als unzureichend erwiesen und es erhob sich die Frage, ob sie nicht gänzlich aufzugeben seien. Die Begriffe des „absoluten Raums", der „absoluten Zeit" und der „absoluten Bewegung", auf die sich die Newton'sche Mechanik stützte, waren Gegenstand der Kritik der führenden Köpfe der zeitgenössischen Physik, Mathematik und Philosophie geworden. Auch der Begriff des Äthers, den man vergeblich experimentell nachzuweisen suchte, schien unhaltbar geworden. Überdies waren in der Himmelsmechanik Anomalien beobachtet worden, die die Newton'sche Mechanik nicht zu erklären vermochte. Auch die mangelnde Übereinstimmung der Trägheits- und der Gravitationsgesetze Newtons, die seit langem bekannt und über Jahrhunderte hinweg stillschweigend geduldet wurde, konnte nicht länger befriedigen. Das gesamte Gebäude der Physik zeigte unübersehbare Risse. Es war dringend überholungsbedürftig, doch fehlte der Restaurateur, der dieser Aufgabe gewachsen war. Die ganze Baufälligkeit des Gebäudes sollte sich jedoch erst herausstellen, als sich Einstein daran machte, seine Relativitätstheorie zu formulieren. Wir wollen im folgenden zunächst die Schwachstellen des herkömmlichen physikalischen Weltbildes und damit die Ansatzpunkte der späteren Gedankengänge Einsteins kennenlernen.

Bild 7: Sir Isaac Newton (1643—1717).
(Foto: Deutsches Museum)

2.2.1 Absoluter Raum und absolute Zeit

Die Newton'sche Mechanik stützt sich bekanntlich auf das Trägheitsgesetz. Dieses Gesetz besagt, daß jeder Körper, auf den keine äußere Kraft einwirkt, sich längs einer geraden Linie mit konstanter Geschwindigkeit bewegt. Die Formulierung wirft die Frage nach der Bedeutung des Ausdrucks „längs einer geraden Linie" auf. Nimmt man als Beispiel einer geraden Linie die Kante der Kabine eines Schiffes, so bewegt sich diese Linie relativ zur Erdoberfläche mit der Bewegung des Schiffes und zugleich mit der Bewegung der Erde um die Sonne. Newton formuliert: „Jeder Körper bewegt sich, wenn keine Kraft auf ihn einwirkt, längs der Kante eines Zimmers, das im ‚absoluten Raum' ruht." Damit war das Problem des absoluten Raumes aufgeworfen, das die Physik gegen Ende des 19. Jahrhunderts beunruhigte. Newton sprach überdies von einer „absoluten Bewegung", die er als die Übertragung eines Körpers von einem „absoluten Ort" an einen anderen „absoluten Ort" definierte. Insbesondere der geniale Österreicher Ernst Mach konnte in diesen Begriffen ebensowenig einen Sinn erblicken wie in dem der „absoluten Zeit" und bezeichnete sie daher als „bloße Gedankendinge". Newton hatte sich mit der Formulierung beholfen, daß „wir beobachten, ob sich ein Körper ohne Einfluß von Kräften längs der Kante eines Zimmers bewegt. Wenn das der Fall ist, so kann unser Zimmer als im ‚absoluten Raum' ruhend betrachtet werden." Später bezeichnete man derartige „Zimmer" als „Inertialsysteme", weil die Beziehung zwischen dem absoluten Raum und dem empirischen Inhalt der physikalischen Gesetze schwer herzustellen war. Ein Bezugssystem wird als Inertialsystem bezeichnet, wenn auf Körper, die in Relation zum Bezugssystem ruhen oder sich in gleichförmiger, geradliniger Bewegung befinden, keine anderen Kräfte einwirken. Newtons Nachfolger waren einen Schritt weiter gegangen und hatten versucht, mit Hilfe des Begriffs des absoluten Raumes auch optische Phänomene zu erklären. Ihre Bemühungen führten zur Konzeption des Äthers als einer Art „Weltgerüst", die sich für die nachfolgende Physik als Sackgasse erweisen sollte.

Auch der Begriff der „absoluten Zeit" wurde mehr und mehr Gegenstand der Kritik. Newton hatte ihn mit den Worten beschrieben: „Die Zeit verfließt an sich und vermöge ihrer Natur gleichförmig und ohne Beziehung auf irgend einen äußeren Gegenstand." Nach dieser Vorstellung schuf Gott die Welt zum Zeitpunkt „Null", von dem an die Zeit gleichförmig zu fließen begann. Es gab gleichsam eine Art Weltuhr, nach der die Zeit an jedem beliebigen Punkt des Universums bestimmt werden konnte. Auch hier zählt Mach zu den entschiedensten Kritikern der Newton'schen Konzeption, der er vorwarf, mit den Begriffen des „absoluten Raumes" und der „absoluten Zeit" Elemente zu enthalten, die nicht aus beobachteten Vorgängen herzuleiten sind.

Bild 8: Ernst Mach (1838—1916). (Foto: Deutsches Museum)

2.2.2 Die Lichtgeschwindigkeit und die Addition der Geschwindigkeiten

Ein weiterer Widerspruch der Newton'schen Lehre war in seiner Auffassung von der Addition der Geschwindigkeiten enthalten, ein Widerspruch, der jedoch erst in Erscheinung trat, wenn man es mit großen Geschwindigkeiten (etwa der Lichtgeschwindigkeit) zu tun hatte.

Lange vor der Formulierung der Relativitätstheorie durch Albert Einstein wußte man, daß die Lichtgeschwindigkeit nicht unendlich groß ist, sondern einen Wert aufweist, der im Freiraum fast genau 300000 Kilometer pro Sekunde ($3 \cdot 10^8$ m/sec) beträgt.

Der Astronom Olaf Römer war der erste, der bereits 1676 zu diesem Ergebnis kam. Den Anlaß bot die Beobachtung der Verfinsterung der Jupitermonde. Damals wußte man bereits, daß die Jupitermonde von Zeit zu Zeit durch den Schatten ihres Mutterplaneten verdeckt werden (vgl. Bild 9), und man war imstande, die Zeiten dieser Verfinsterung genau zu berechnen. Römer stellte jedoch fest, daß die berechneten Zeiten nicht immer mit den von der Erde durch Beobachtung zu ermittelnden Zeiten übereinstimmten. Die Beobachtung ergab längere Zeiten, wenn der Jupiter weiter von der Erde entfernt war, und kürzere Zeiten, wenn er sich in ihrer Nähe befand. Die Ursache für diese experimentell gewonnene Erkenntnis erklär-

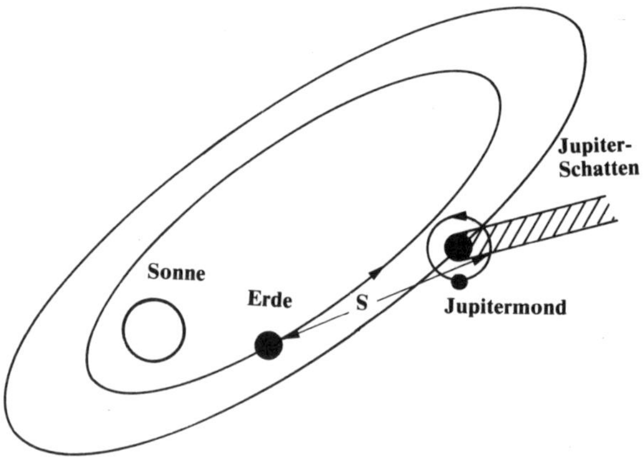

Bild 9: Die Beobachtung der Verfinsterung der Jupitermonde erlaubte die Ermittlung der Lichtgeschwindigkeit mit ziemlicher Genauigkeit.

te man durch die Annahme einer konstanten Lichtgeschwindigkeit. Das Licht konnte sich im Freiraum mithin nicht, wie bis dahin angenommen, mit unendlicher Geschwindigkeit ausbreiten.

Die von Römer ermittelte Lichtgeschwindigkeit wurde wenige Jahre später durch weitere astronomische Beobachtungen bestätigt (z.B. durch die Beobachtung des Effekts der Aberration durch James Brandley). Experimente auf der Erde selbst durch Fizeau (1849) und Foucault (1865) führten zu den gleichen Ergebnissen, so daß die Annahme einer konstanten Größe der Lichtgeschwindigkeit im 19. Jahrhundert für bewiesen galt. Römer hatte seinerzeit einen Wert der Lichtgeschwindigkeit von $c = 2{,}99793 \cdot 10^8$ m/sec errechnet und war damit dem heute anerkannten Wert von $c = (2{,}997925 \pm 0{,}000003) \cdot 10^8$ m/sec erstaunlich nahe gekommen.

Der Umstand, daß sich keine Geschwindigkeit erweisen ließ, welche die Geschwindigkeit des Lichtes übertraf, war mit der Newton'schen Mechanik nicht in Einklang zu bringen, denn diese sah die unbegrenzte Möglichkeit der Addition von Geschwindigkeiten und damit die Möglichkeit von Geschwindigkeiten vor, die größer als die Lichtgeschwindigkeit sind.

Wir wollen das Problem anhand eines Gedankenexperiments erläutern. Zur Veranschaulichung betrachten wir Bild 10. Darin bewegt sich ein Rollband mit der konstanten Geschwindigkeit v_1 von links nach rechts. Betritt man ein solches Rollband und beschreitet es seinerseits mit einer Geschwindigkeit von v_2 in der gleichen Richtung, so kommt man offenkundig

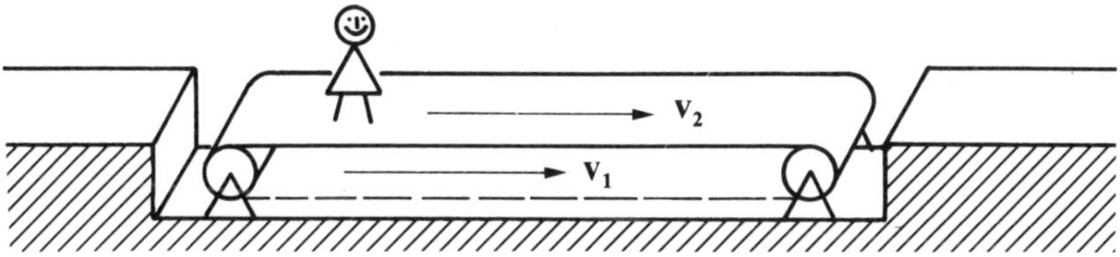

Bild 10: Das Problem der Addition der Geschwindigkeiten.

schneller zum Ziel, da sich die beiden Geschwindigkeiten v_1 und v_2 linear addieren. Beträgt etwa die Geschwindigkeit des Rollbandes $v_1 = 7$ km/std, die Geschwindigkeit der Versuchsperson $v_2 = 5$ km/std, so beträgt die Gesamtgeschwindigkeit $v_{ges.}$ der Versuchsperson

$$v_{ges.} = v_1 + v_2 = 7 + 5 = 12 \text{ km/std.}$$

Eine einfache Rechnung also, die den Tatsachen der Praxis entspricht und die uns die Newton'sche Physik bereits in den ersten Schulklassen lehrt. Dabei spielt es nach der Newton'schen Theorie keine Rolle, welche Werte die zu addierenden Geschwindigkeiten haben.

Betrachten wir jetzt den folgenden Fall: Die Versuchsperson steht auf dem besagten Rollband, das nach wie vor mit der konstanten Geschwindigkeit $v_1 = 7$ km/std (d.i. $v_1 = 1{,}9444$ m/sec) von links nach rechts läuft. Sie besitzt eine Taschenlampe und will einem Beobachter B, der auf dem Erdboden steht (vgl. Bild 11) mit Hilfe des Morsecodes eine Nachricht übermitteln. Sie schaltet also während der Bewegung des Rollbandes ihre

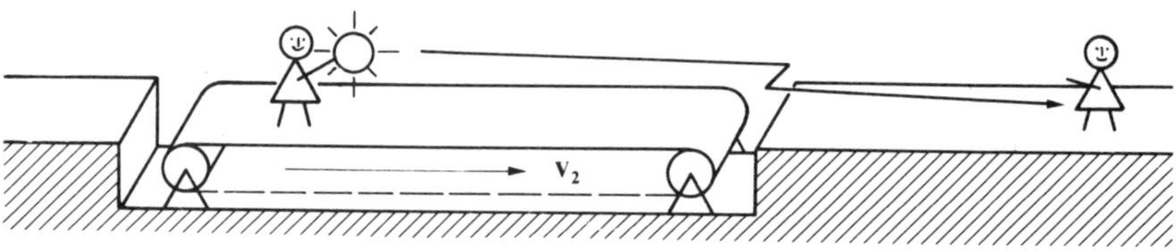

Bild 11: Zur Erläuterung der Addition der Geschwindigkeiten nach der Auffassung der klassischen Mechanik.

Taschenlampe ein und aus. Da sie weiß, daß sie sich mit der konstanten Geschwindigkeit von 1,9444 m/sec in Richtung des Beobachters B bewegt und daß das Licht sich mit einer konstanten Geschwindigkeit von $3 \cdot 10^8$ m/sec ausbreitet, nimmt sie an, daß ihr Signal den Beobachter B schneller erreicht, als wenn auch sie auf dem festen Erdboden stünde. Und dabei irrt sie sich nicht, da sich die Geschwindigkeit des Rollbandes und des Lichtes addieren. Würde sie also jemand fragen, mit welcher Geschwindigkeit das Signal den Beobachter B erreicht, so würde sie die folgende Berechnung anstellen:

$$v_{ges.} = v_1 + c = 1{,}9444 + 300\,000\,000 = 300\,000\,001{,}944 \text{ m/sec}$$

Sie würde also behaupten, daß ihr Signal den Beobachter B um den Betrag von 1,9444 m/sec schneller als die Lichtgeschwindigkeit erreicht. Setzen wir nun den hypothetischen Fall, daß die Geschwindigkeit des Rollbandes der Geschwindigkeit des Lichtes gleich ist. Unter dieser Voraussetzung wird die Berechnung folgendermaßen aussehen:

$$v_{ges.} = v_1 + c = c + c = 2c = 2 \times 3 \cdot 10^8 = 6 \cdot 10^8 \text{ m/sec}$$

Der Signalgeber auf dem Rollband würde also behaupten, sein Signal erreiche den Beobachter B mit doppelter Lichtgeschwindigkeit, und wäre sicherlich bereit, hohe Wetten einzugehen, wollte jemand das Gegenteil behaupten.

Gleichwohl stehen die Behauptungen der Versuchsperson in Widerspruch zu den tatsächlichen Beobachtungen. Hier schien also die Newton'sche Lehre zu versagen. Dennoch konnte man dieser Lehre in der Praxis weitgehend folgen, da die genannten Unstimmigkeiten bei Geschwindigkeiten, die erheblich kleiner als die Lichtgeschwindigkeit sind, vernachlässigbar klein bleiben.

2.2.3 Der Begriff des Äthers und die damit verbundene Problematik

Historisch gesehen bildet die Mechanik seit jeher das Fundament der Physik, obgleich sie nur einen sehr geringen Teil der physikalischen Welt ausmacht. Man war daher stets geneigt, alle Naturphänomene durch mechanische Parallelen zu erläutern, und so ist es nicht verwunderlich, daß man auch die Ausbreitung des Lichts im leeren Raum auf diese Weise zu erklären versuchte. Die Ausbreitung des Lichtes im leeren Raum war durch die Tatsache erwiesen, daß die Gestirne auf der Erde sichtbar waren. Da man annahm, daß das Licht ebenso wie der Schall wellenförmigen Charakter besitzt, erhob sich die Frage nach dem für seine Ausbreitung erforderlichen Medium. Man nahm daher an, daß der „leere Raum" keineswegs vollkommen leer sein könne, sondern durch ein unsichtbares, feines Medium, den sog. „Äther", ausgefüllt sei, das die Ausbreitung des Lichts ermöglicht. Die Vorstellung des Äthers als Medium der Ausbreitung des Lichts findet sich zum ersten Male in Decartes' „Dioptrik" aus dem Jahre 1638. Sie ist darin eine Vorläuferin der Wellentheorie des Lichts, die von Robert Hook (1667) angedeutet und von Christian Huygens (1678) formuliert wurde. Zu gleicher Zeit begann eine andere Theorie des Lichts, die sog. Korpuskeltheorie, deren Urheber Newton selbst war, an Boden zu gewinnen. Sie vertrat die Auffassung, daß von leuchtenden Körpern feine Teilchen ausgeschleudert werden, die sich nach den Gesetzen der Mechanik bewegen und beim Auftreffen auf das Auge Lichtempfindungen erzeugen.

Newtons Theorie vermochte die Äthertheorie nicht außer Kraft zu setzen. Diese blieb weiterhin das Problemkind der Physik. Man betrachtete den Äther als einen Stoff, in dem sich alle Himmelskörper ungehindert bewegen können, und setzte diese Theorie der sog. „Newton'schen Relativitätstheorie" entgegen, welche verlangt, daß kein Inertialsystem einem anderen Inertialsystem gegenüber ausgezeichnet ist, daß also kein physikalisches Experiment, das vollständig in einem System abläuft, uns vor die Notwendigkeit stellt, das Verhältnis unseres Systems zu irgend einem anderen System zu bestimmen. Dieses Prinzip sollte sowohl für die Mechanik als auch für die Elektrodynamik Gültigkeit besitzen, doch sah sich die Physik der Zeit einer unerklärlichen Diskrepanz beider Bereiche konfrontiert. Die Problematik betraf die Ausbreitung des Lichtes auf der einen, die Annahme des Äthers auf der anderen Seite.

Betrachten wir zur Veranschaulichung einen Lichtstrahl, der sich in einem System ausbreitet, das sich in Bewegung relativ zum Äther befindet. Die Geschwindigkeit v dieser Bewegung sei konstant. Versucht man die Ausbreitungsgeschwindigkeit des Lichtstrahls zu messen, so würde man je nach der Bewegungsrichtung eine Gesamtgeschwindigkeit von $c + v$ bzw. $c - v$ feststellen. Träfe diese Berechnung zu, so würde man über eine physikalische Methode verfügen, die es erlaubte, ein ruhendes System nachzuweisen. Das würde bedeuten, daß man mit Hilfe eines optischen Experiments, das vollständig in einem bestimmten System abläuft, die Geschwindigkeit dieses Systems in Bezug auf ein „Ruhesystem“ bestimmen könnte. Damit aber wäre die Gültigkeit des Newton'schen Relativitätsprinzips für die Elektrodynamik aufgegeben.

Die Folgerungen der aufgedeckten Diskrepanz waren für die zeitgenössische Physik verheerend. Wollte man an der Gültigkeit des Newton'schen Relativitätsprinzips sowohl für die Mechanik als auch für die Elektrodynamik festhalten, so mußten die Gesetze der Elektrodynamik, d.h. die Maxwell'sche Theorie wie die Newton'sche Mechanik neu durchdacht werden.

Die Naturwissenschaft befand sich also um die Jahrhundertwende in einer geradezu verzweifelten Situation. Zahlreiche geniale Wissenschaftler wie Poincaré, Lorentz u.a. bemühten sich, die schwere Krise durch die Konzeption neuer Theorien zu bewältigen. Es war jedoch Einsteins Verdienst, die gesamte Problematik der zeitgenössischen Naturwissenschaft erkannt zu haben und eine Theorie aufzustellen, welche die Wissenschaft aus der geschilderten Sackgasse herauszuführen vermochte, nämlich die Relativitätstheorie.

2.2.4 Das Michelson-Morley-Experiment oder der Versuch des experimentellen Nachweises des Äthers

Der Ansatz des Äthers als Ausbreitungsmedium des Lichts und der elektromagnetischen Wellen allgemein weckte naturgemäß den Wunsch, seine Existenz auch experimentell nachzuweisen. Die geeignete Vorrichtung dazu schien eine Erfindung zu sein, die der amerikanische Physiker und Nobelpreisträger A.A. Michelson (1852—1931) gemacht hatte, nämlich das nach ihm benannte Interferometer. Das Funktionsprinzip des Geräts veranschaulicht Bild 12. Eine Lichtquelle wirft auf eine schräg aufgestellte halbdurchsichtige Platte (Spiegel A) einen Lichtstrahl. Ein Teil des Strahles durchdringt die Platte und erreicht den Spiegel B. Ein anderer Teil des Lichtstrahls wird an der Platte reflektiert und erreicht den Spiegel C. Die von Spiegel B und Spiegel C reflektierten Strahlen 1 und 2 erreichen ein Teleskop, an dem ein Beobachter die durch die beiden Lichtstrahlen entstehenden Interferenzstreifen beobachten kann. Sind die Wegstrecken zu beiden Spiegeln gleich groß, so erreichen die Lichtstrahlen das Teleskop mit gleicher Phase und setzen sich wieder zum ursprünglichen Licht zusammen. Ändert man dagegen den Abstand des einen oder des anderen Spiegels zu der halbdurchsichtigen Platte, so treten naturgemäß Phasenunterschiede zwischen den Lichtstrahlen auf, die bewirken, daß durch das Teleskop wechselweise Helligkeiten und Dunkelheiten beobachtet werden. Dabei entspricht der Abstand zweier Dunkelheiten der Wellenlänge des verwen-

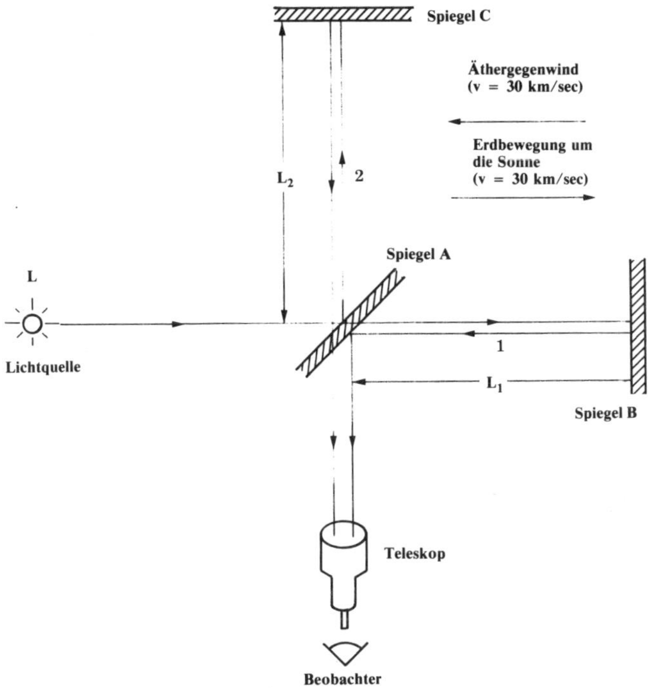

Bild 12: Prinzip des Michelson'schen Experiments zum Nachweis der Existenz des „Äthers".

deten Lichts. Auf diese Weise ist es Michelson gelungen, sehr präzise Messungen von Wellenlängen vorzunehmen, die uns im vorliegenden Zusammenhang nicht interessieren. Es sei jedoch bemerkt, daß man im Teleskop eines solchen Interferometers nicht ein helles oder dunkles Gesichtsfeld, sondern ein Gebilde heller und dunkler Ringe sieht, die man als Interferenzstreifen bezeichnet.

Betrachten wir nun, in welcher Weise Michelson seine Apparatur für den experimentellen Nachweis des Äthers zu nutzen gedachte. Seine Überlegung war die folgende: Die Erde bewegt sich wie die übrigen Planeten unseres Sonnensystems auf einer elliptischen Bahn um die Sonne. Dabei beträgt ihre Geschwindigkeit 30 km/sec, d.i. $1/10000 = 10^{-4}$ der Lichtgeschwindigkeit. Ist nun der freie Raum mit Äther gefüllt, so muß die Erde auf ihrer ewigen Reise um die Sonne den Äther wie ein Schwimmer das Wasser mit der oben genannten Geschwindigkeit von 30 km/sec durcheilen.

In diesem Falle aber müßte es möglich sein, den „Gegenwind“ der Erdbewegung durch den Äther festzustellen. Das Prinzip des Experiments veranschaulicht ebenfalls Bild 12.

Der Lichtstrahl 1, der sich vom Spiegel A zum Spiegel B ausbreitet, hat, da er sich dem Äther entgegen bewegt, eine Geschwindigkeit von c — v, worin v die Erdgeschwindigkeit von 30 km/sec darstellt. Der Strahl, der sich vom Spiegel B zum Spiegel A ausbreitet, hat dagegen eine Geschwindigkeit von c + v, weil er sich in Richtung des Äthers bewegt. Man könnte mit anderen Worten den ersten Strahl mit einem Schwimmer vergleichen, der gegen, den zweiten Strahl mit einem Schwimmer, der mit der Strömung eines Flusses schwimmt. Die Zeit, die der Lichtstrahl 1 benötigt, um die Strecke zum Spiegel B in beiden Richtungen zurückzulegen, beträgt

$$t_1 = L_1 \left(\frac{1}{c+v} + \frac{1}{c-v}\right) = \frac{2 L_1 c}{c^2 - v^2} = \frac{2 L_1}{c} \cdot \frac{1}{1 - b^2}$$

Darin ist $b = v/c$.

Im Falle des Lichtstrahls 2 dagegen steht der Ätherwind quer zur Lichtausbreitung. Die für den Hin- und Rückweg benötigte Zeit t_2 ist daher kleiner als die Zeit t_1. Sie beträgt genau

$$t_2 = \frac{2 L_2}{c} \cdot \frac{1}{\sqrt{1 - b^2}}$$

Wählt man nun die Längen L_1 und L_2 gleich groß, so erhält man näherungsweise die Formel

$$t_1 - t_2 = \frac{L}{c} b^2$$

Da $b = v/c = 10^{-4}$ ist, bedeutet das, daß eine Genauigkeit von 10^{-8} erforderlich ist, um die eventuelle Existenz des Äthers wahrzunehmen. Michelson übertraf jedoch diese Genauigkeit, indem er die Länge der Lichtstrahlen durch mehrfache Hin- und Herreflexionen auf die beachtliche Länge von etwa 11 m erhöhte.

Beobachtet man die beiden Strahlen mit Hilfe des Teleskops, so erhält man aufgrund der Interferenz ein bestimmtes Streifenmuster, das für die Laufgeschwindigkeit der beiden Strahlen 1 und 2 charakteristisch ist.

Michelsons geniale Idee war nun folgende: Er drehte die gesamte Anordnung um 90°, so daß der Spiegel C nunmehr quer, der Spiegel B dagegen parallel zur Erdbewegung stand. Falls der gesuchte Äther tatsächlich vorhanden wäre, müßte die Interferenz der Strahlen in dieser Stellung eine Verschiebung des Streifenmusters ergeben, die genau vorherzusagen war. Der erwartete Effekt blieb jedoch aus.

Das Experiment wurde mehrfach zu verschiedenen Jahreszeiten, in denen sich die Erde auf unterschiedlichen Positionen ihrer Reise um die Sonne befand, wiederholt. Keines dieser Experimente erbrachte die postulierte Verschiebung des Streifenmusters. Es schien also, als ließe sich die Existenz des postulierten Äthers experimentell nicht nachweisen.

Das Problem war jedoch für die zeitgenössische Naturwissenschaft von solcher Wichtigkeit, daß Michelson und andere nicht minder fähige Wissenschaftler das Experiment auch später mehrmals wiederholten. Auch diese Versuche blieben jedoch ohne den erhofften Erfolg. Die nachstehende Tabelle gibt einen Überblick über die unternommenen Versuche.

Name	Jahr	Ort
Michelson	1881	Potsdam
Michelson-Morley	1887	Cleveland
Miller	1921	Mount Wilson
Kennedy	1926	Pasadena und Mount Wilson
Michelson-Al Joos	1930	Jena

2.2.5 Zusammenfassung und Folgerungen

Fassen wir unsere bisherigen Überlegungen zusammen, so kann folgendes festgehalten werden: Um die Jahrhundertwende war die Physik in eine Sackgasse geraten und suchte verzweifelt nach einem Ausweg. Die Ursachen dafür lagen darin, daß sich die herkömmlichen Begriffe des „absoluten Raumes“, der „absoluten Bewegung“ und der „absoluten Zeit“ als unhaltbar erwiesen hatten, daß die Annahme der uneingeschränkten Addition der Geschwindigkeiten in Widerspruch zur Erkenntnis des unüberschreitbaren Charakters der Lichtgeschwindigkeit geriet, daß der experimentelle Nachweis des Äthers mißlang, sowie in einigen anderen Aporien, auf die wir im Zusammenhang mit der Erläuterung der allgemeinen Relativitätstheorie genauer eingehen werden. Die Gründe für das Festhalten an der Newton'schen Lehre lagen einzig und allein in der Tatsache, daß es die Physik im Alltag zum überwiegenden Teil mit Geschwindigkeiten zu tun hat, die weit unterhalb der Lichtgeschwindigkeit liegen und daher die theoretisch bekannten Unstimmigkeiten in der Praxis nicht störend zutagetreten lassen. Die Kritik der Begriffe des „absoluten Raums, der „absoluten Bewegung“ und der „absoluten Zeit“ betraf eher philosophische

Fragen, die nur wenige Gelehrte wie Ernst Mach und einige Gleichgesinnte bewegten und den Ingenieur oder Physiklehrer allenfalls am Rande tangierten.

Dies war die Situation der Naturwissenschaften, als Einstein seine wissenschaftliche Laufbahn begann. Bevor wir seine erste wissenschaftliche Großtat, die Konzeption der speziellen Relativitätstheorie, besprechen, wollen wir seinen Lebensweg bis nach Bern, den Ort ihrer Ausarbeitung, verfolgen.

3 Beginn des Berufswegs

Als Zwanzigjähriger steht Albert Einstein im Jahre 1900 kurz vor dem Abschluß des Studiums. Es ist das Jahr, in dem Max Planck seine Quantentheorie veröffentlicht. Obwohl er es vorgezogen hätte, sich eingehender mit dieser Theorie zu beschäftigen, muß sich Einstein um eine Anstellung bemühen, die seinen Lebensunterhalt sichert. Dies sollte nach seinen bisherigen Plänen die Stelle eines Physik- und Mathematiklehrers oder, wenn möglich, eines Assistenten am Zürcher Polytechnikum sein. Tatsächlich hat sich Einstein um eine solche Stelle beworben, stieß jedoch auf die Ablehnung eben der Professoren, die ihn bislang in dieser Richtung gefördert hatten. Enttäuscht sucht er sein Glück außerhalb des Polytechnikums. Erst nach einem Jahr findet er eine provisorische Anstellung an einer technischen Mittelschule in Winterthur, die er jedoch nach nur wenigen Monaten verliert.

Einstein besaß inzwischen die schweizerische Staatsangehörigkeit, sah sich jedoch als „Papierschweizer" noch dazu jüdischer Abstammung in der Lage eines arbeitslosen Gastarbeiters. Auf der Suche nach einer neuen Stellung stieß er auf eine Zeitungsannonce, in der ein Gymnasiallehrer in Schaffhausen, der einem Schülerheim vorstand, einen Lehrer für den Nachhilfeunterricht zweier Zöglinge suchte. Einstein bewarb sich mit Erfolg, doch fand auch diese Anstellung ihr Ende, als er das Ansinnen vorbrachte, daß die Schüler allein von ihm unterrichtet werden sollten. Einstein sah sich gezwungen, die dritte Stelle innerhalb zweier Jahre zu suchen. Diesmal sollte sich seine Freundschaft mit Marcel Großmann als nützlich erweisen. Großmann kannte den Direktor des Patentamtes in Bern, bei dem er sich für den arbeitslosen Freund verwandte. Mochte die Anstellung Einsteins Zielen nur wenig entsprechen, so versprach sie doch die Sicherung des täglichen Brotes. Das Einstellungsgespräch verlief positiv, und Einstein sollte seine Stelle als Patentbearbeiter im Jahre 1902 antreten. Er begibt sich nach Bern, und da sich der Arbeitsantritt verzögert, sucht er durch eine Anzeige im „Berner Tageblatt" Physik- und Mathematikschüler unter den Studenten der Berner Hochschule zu finden, die Nachhilfeunterricht benötigten. Seine Bemühungen blieben nicht ohne Erfolg. Es meldete sich ein rumänischer Student der Philosophie namens Maurice Solovine, der an einer Einführung in die Naturwissenschaften interessiert war. Zu einem eigentlichen Unterricht sollte es jedoch nicht kommen. Da Einstein ein ausgeprägtes Interesse an philosophischen Fragen hatte („Das Interesse für Philosophie war bei mir immer da"), entwickelte sich zwischen den beiden jungen Leuten bald eine echte Freundschaft, die wenig später auch Conrad Habicht einschloß, den Einstein aus seiner Aarauer Zeit kannte. Die regelmäßigen Zusammenkünfte des Trios, das sich den Namen der „Akademie Olympia" gab, legten den Grundstein für eine bis zum Tode Einsteins anhaltende Freundschaft. Ein halbes Jahrhundert nach der Gründung der „Akademie" konnte sich Einstein erinnern:

> „Es war doch eine schöne Zeit in Bern, als wir unsere lustige Akademie betrieben, die doch weniger kindisch war als jene respektablen, die ich später von Nahem kennengelernt habe."

Und zwei Jahre vor seinem Tod schrieb er am 3. April 1953 von Princeton, USA:

> „An die unsterbliche Akademie Olympia!
>
> In Deinem kurzen aktiven Dasein hast Du in kindlicher Freude Dich ergötzt an allem, was klar und gescheit war. Deine Mitglieder haben Dich geschaffen, um sich über Deine großen und aufgeblasenen Schwestern lustig zu machen. Wie sehr sie damit das Richtige getroffen haben, hab ich durch langjährige sorgfältige Beobachtung voll zu würdigen gelernt.
>
> Wir alle drei Mitglieder haben uns zum mindesten als dauerhaft erwiesen. Wenn sie auch schon etwa krächelig sind, so strahlt doch noch etwas von Deinem heiteren und belebenden Licht auf unseren einsamen Lebenspfad: denn Du bist nicht mit ihnen alt geworden und ausgewachsen wie eine ins Kraut gewachsene Salatpflanze.
>
> Dir gilt unsere Treue aus Anhänglichkeit bis zum letzten hochgelehrten Schnaufer!
>
> Das nunmehr nur korrespondierende Mitglied
>
> A.E."

Die Anstellung am Berner Patentamt mit einem Jahresgehalt von 3000 Schweizer Franken sichert Einstein die finanzielle Basis zur Gründung einer eigenen Familie. Er heiratet Mileva Marič, doch sollte die Ehe nur wenige Jahre dauern, in denen die Söhne Hans Albert (1904) und Eduard (1910) geboren wurden.

Die Jahre der ersten Ehe, die Einstein großenteils als Beamter des Berner Patentamts verbringt, sind zugleich die erfolgreichsten Jahre seiner wissen-

Bild 13: Albert Einstein mit seiner ersten Frau Mileva. (Foto: ETH-Zürich)

schaftlichen Karriere. Bis zum Jahre 1905 gelingt ihm die Konzeption der speziellen Relativitätstheorie, die seinen späteren Weltruhm einleitete.

Die Formulierung der Relativitätstheorie ist jedoch keineswegs Einsteins einzige wissenschaftliche Leistung in dieser Zeit. Noch in Bern veröffentlicht er eine Arbeit, die zur Entdeckung des sog. photoelektrischen Effekts führte und ihm in späteren Jahren den Nobelpreis eintrug. Bereits im Jahre 1900 hatte Max Planck seine Quantentheorie veröffentlicht, welche die Physik in eine neue Sackgasse führte. Planck stellte die Hypothese auf, daß die Abgabe und Aufnahme von Energie bei Wärmestrahlungsvorgängen unstet in Form kleinster Mengen vor sich geht, die er Quanten nannte und deren Größe durch das elementare Wirkungsquantum h, die sog. Planck'sche Konstante, bestimmt wird. Die aufgenommene resp. abgestrahlte Strahlungsenergie sollte ein Vielfaches von hf sein, worin f die Frequenz der jeweiligen Strahlung bezeichnet. Diese Hypothese stand jedoch in Widerspruch zur Wellentheorie des Lichtes, die die Newton'sche Korpuskeltheorie weitgehend verdrängt hatte und durch die Arbeiten von Maxwell und Hertz etabliert schien. Einstein stellt der Quantentheorie eine Auffassung entgegen, die nicht allein einen Ausweg aus der aktuellen Sackgasse aufzeigte, sondern erheblich weitreichendere Konsequenzen implizierte. Seine Theorie besagt, daß sich zwar das Licht im Raume stetig ausbreitet (d.h. seinen Wellencharakter beibehält), daß jedoch die Lichtenergie unstet ist (d.h. Quantencharakter aufweist). Das Licht kann mit anderen Worten als ein Strom von Quanten, den sog. Photonen, betrachtet werden. Einstein schrieb dem Licht also einen Doppelcharakter zu, der es erlaubte, alle bis dahin beobachteten Erscheinungen durch eine einheitliche Theorie zu erklären. Auf diese Weise konnte unter anderem die Erscheinung des photoelektrischen Effekts befriedigend erklärt werden, indem festgestellt wurde, daß für den Austausch zwischen Licht und Elektronen nicht die Intensität, sondern die Farbe des Lichts maßgebend ist.

Bild 14: Bern im Jahre 1910 (Parlamentsgebäude). (Foto: Deutsches Museum)

Diese Erklärung ebnete den Weg zur Atomphysik. Ohne diese Voraussetzung wäre das Atommodell von Niels Bohr undenkbar gewesen.

Jede moderne Solarzelle, die Strom aus dem Sonnenlicht gewinnt, nutzt den photoelektrischen Effekt, und die Photonentriebwerke, die eines Tages die interstellare Raumfahrt ermöglichen sollen, werden Abkömmlinge der Einstein'schen Theorie sein.

Wieweit Einsteins Theorie des Doppelcharakters des Lichts den Gedankengängen der Zeitgenossen vorauseilte, kann man der Begründung des Antrags seiner Wahl zum Mitglied der Preußischen Akademie der Wissenschaften vom 24. Juli 1913 entnehmen. Darin hieß es:

„Zusammenfassend kann man sagen, daß es unter den großen Problemen, an denen die moderne Physik so reich ist, kaum eines gibt, zu dem nicht Einstein in bemerkenswerter Weise Stellung genommen hätte. Daß er in seinen Spekulationen gelegentlich auch einmal über das Ziel hinausgeschossen haben mag, wie z.B. in seiner Hypothese der Lichtquanten, wird man ihm nicht allzusehr anrechnen dürfen: denn ohne einmal ein Risiko zu wagen, läßt sich auch in der exaktesten Naturwissenschaft keine wirkliche Neuerung einführen. Gegenwärtig arbeitet er intensiv an einer neuen Gravitationstheorie ... Der eigenen reichen Produktivität gegenüber steht die besondere Begabung Einsteins, fremden neu auftauchenden Ansichten und Behauptungen schnell auf den Grund zu gehen und ihr Verhältnis zueinander und zur Erfahrung mit überraschender Sicherheit zu beurteilen."

Eine ganze Reihe genialer Wissenschaftler, darunter auch Max Planck, bezeichnete Einsteins Photonentheorie mithin als einen Irrweg. Einstein selbst klammerte die Frage in seinem Dankesschreiben für die Wahl zum Mitglied der Preußischen Akademie der Wissenschaften völlig aus. Es heißt darin:

„Ich danke Ihnen herzlich dafür, daß Sie mich zum ordentlichen Mitglied Ihrer Körperschaft gewählt haben, und erkläre hiermit, daß ich diese Wahl annehme. Nicht minder bin ich dafür dankbar, daß Sie mir eine Stellung in Ihrer Mitte anbieten, in der ich mich frei von Berufspflichten wissenschaftlicher Arbeit widmen kann. Wenn ich daran denke, daß mir jeder Arbeitstag die Schwäche meines Denkens dartut, kann ich die hohe, mir zugedachte Auszeichnung nur mit einer gewissen Bangigkeit hinnehmen. Es hat mich aber der Gedanke zur Annahme der Wahl ermutigt, daß von einem Menschen nichts anderes erwartet werden kann, als daß er seine ganze Kraft einer guten Sache widmet: und dazu fühle ich mich wirklich befähigt."

4 Einsteins spezielle Relativitätstheorie

4.1 Folgerungen aus dem Michelson-Morley-Experiment: Auf dem Weg zur speziellen Relativitätstheorie

Die negativen Ergebnisse des im Voranstehenden beschriebenen Michelson-Morley-Experiments zum Nachweis des Äthers versuchten die Experimentatoren selbst durch die Annahme zu erklären, daß die Erde bei ihrer Bewegung um die Sonne zumindest einen Teil des Äthers mit sich führe, wie es im übrigen auch die Elektronentheorie von Stokes und die elektromagnetische Theorie von Hertz voraussetzt. Nimmt man aber die Mitführung eines Teils des Äthers an, so erhebt sich sogleich die Frage nach der Größe dieses Teils. Um sie zu beantworten, suchte Michelson herauszufinden, ob es in größeren Höhen über der Erde Unterschiede der Lichtgeschwindigkeit gäbe, doch blieben auch diese Bemühungen ohne Erfolg.

Da es der zeitgenössischen Physik schwer fiel, sich von der Vorstellung des Äthers zu lösen, bemühte sie sich zunächst um eine Erklärung der Ergebnisse des Michelson-Morley-Experiments, die in Einklang mit der Ätherhypothese stand. Den ersten Schritt in diese Richtung stellt die Theorie dar, die 1892 von Fitzgerald aufgestellt und später von Lorentz übernommen und erweitert wurde. Diese Theorie basierte auf der Annahme einer Längenkontraktion in Bewegungsrichtung um den Faktor $\sqrt{1-b^2}$ (worin wiederum $b = v/c$). Danach müßte jede Länge in der Richtung der Bewegung um den genannten Faktor verkürzt erscheinen. Die Hypothese erschien zunächst verlockend, da sie die Möglichkeit bot, die beobachteten Phänomene mit der Äthertheorie zu versöhnen.

Auf der Grundlage dieser Voraussetzungen suchte Lorentz seine Elektronentheorie in Einklang mit der Ätherhypothese zu bringen. Im Jahre 1899 stellte er fest, welche zusätzlichen Annahmen erforderlich waren, damit alle elektromagnetischen Vorgänge in einem bewegten System in gleicher Weise wie im Äther ablaufen. Dabei trat neben der angenommenen Längenkontraktion eine weitere Möglichkeit zutage, die beinahe zur Entdeckung der Relativitätstheorie geführt hätte: Die Zeit in einem System, das sich in gleichförmiger Bewegung befindet, muß anders verlaufen als die Zeit in einem ruhenden System („Ortszeit"). Die mathematische Formulierung dieser Gedanken fand ihren Niederschlag in den sog. Lorentz-

Transformationen, die bereits wenige Jahrzehnte zuvor von Voigt im Rahmen einer Dissertation aufgestellt und unabhängig von den vorangehenden Arbeiten im Jahre 1905 von Poincaré ermittelt wurden. Auf diese Tatsache beruft sich Poincarés spätere Äußerung gegenüber Einstein, daß, wenn nicht dieser die spezielle Relativitätstheorie entdeckt hätte, er selbst sie früher oder später gefunden hätte. Einsteins trockene Replik lautete: „Nicht aber die allgemeine Relativitätstheorie".

Obwohl Lorentz das erforderliche mathematische Rüstzeug entwickelte, das die Ätherproblematik zu lösen vermochte, hielt er an der Existenz des absoluten ruhenden Äthers fest und verstellte sich damit selbst den Blick für die physikalische Bedeutung der Gleichberechtigung aller Bezugssysteme. Die Auffassung, daß der ruhende Äther das bevorzugte System darstelle, ließ er unangetastet. Poincaré erkannte, daß Lorentz' Standpunkt nicht zu halten war, doch gelang es ihm nicht, den entscheidenden Schritt zu tun, der zu Einsteins Relativitätstheorie geführt hätte.

Man war sich also zu jener Zeit der Krise der Physik sehr wohl bewußt und bemühte sich nach Kräften, eine angemessene Lösung zu finden. Die angestrengte Suche führte zu einer aufs äußerste zugespitzten Situation, in der der richtige Ausweg gleichsam in der Luft lag, ohne daß ihn selbst die befähigtsten Gelehrten der Zeit zu erkennen vermochten. Einige von ihnen blieben weit vor dem ersehnten Ziel, andere verfehlten es, indem sie darüber hinausschossen. Einstein war sich dieser Situation sehr wohl bewußt, wie aus einer seiner Äußerungen über Ernst Mach hervorgeht:

> „Es ist nicht unwahrscheinlich, daß Mach auf die Relativitätstheorie gekommen wäre, wenn in der Zeit, als er jugendfrischen Geistes war, die Frage nach der Bedeutung der Konstanz der Lichtgeschwindigkeit schon die Physiker bewegt hätte."

Spätere Äußerungen des Gelehrten deuten in die gleiche Richtung. So schrieb er z.B. einen Monat vor seinem Tod im März 1955 an Max Laue:

> „Alter und Krankheit machen es mir unmöglich, mich bei solchen Gelegenheiten zu beteiligen, und ich muß gestehen, daß diese göttliche Fügung für mich auch etwas Befreiendes hat. Denn alles, was irgendwie mit Personenkultus zu tun hat, ist mir immer peinlich gewesen. In diesem Falle ist es umso mehr so, weil es sich hier um eine gedankliche Entwicklung handelt, an der viele ganz wesentlich beteiligt waren."

Trotz aller Eingebundenheit in die wissenschaftliche Auseinandersetzung der Zeit bleibt die Bedeutung der persönlichen Leistung Einsteins und die Genialität seines Gedankengebäudes über jeden Zweifel erhaben.

4.2 Einige Begriffe der klassischen Physik

Bevor wir uns der eigentlichen Schilderung des Einstein'schen Gedankengangs zuwenden, wollen wir zum besseren Verständnis einige Grundbegriffe der klassischen Physik in Erinnerung rufen.

4.2.1 Bezugssystem/Inertialsystem

Als Bezugssystem wird jedes Koordinatensystem bezeichnet, das den Beobachter einbezieht und sich im gleichen Bewegungszustand wie dieser befindet. So kann man etwa die Erde als Bezugssystem für astronomische Beobachtungen oder einen bestimmten Punkt der Erde als Bezugssystem irdischer Beobachtungen bzw. Messungen wählen. Ebensogut wäre es jedoch denkbar, ein bewegliches Objekt, etwa ein Auto, ein Schiff oder ein Flugzeug, als Bezugssystem zu nehmen. Wichtig ist dabei, daß sich alle Messungen bzw. Beobachtungen des beabsichtigten Experiments auf das gleiche System beziehen.

Ein Bezugssystem wird als Inertialsystem bezeichnet, wenn auf Körper, die gegenüber dem Bezugssystem ruhen oder sich mit ihm in gleicher, geradliniger Bewegung befinden, keine Kräfte wirken. So kann etwa die Erde als ein — wenngleich nicht ideales — Inertialsystem bezeichnet werden. Ein idealeres System dieses Typs wäre z.B. ein Raumschiff, das sich ohne Antrieb im freien Raum bewegt.

Die Newton'sche Mechanik kennt das zwei- und das dreidimensionale Koordinatensystem, mit deren Hilfe die Position eines Gegenstandes eindeutig definiert werden kann. Betrachten wir zur Veranschaulichung die Darstellung des Bildes 15. Um die Position des Gegenstandes A auf einer ebenen Fläche zu definieren, benutzen wir ein zweidimensionales Koordinatensystem x, y. Sagen wir, der Gegenstand A liegt bei x = 2 und y = 2, so ist seine Lage eindeutig bestimmt: geht man in der Richtung x um

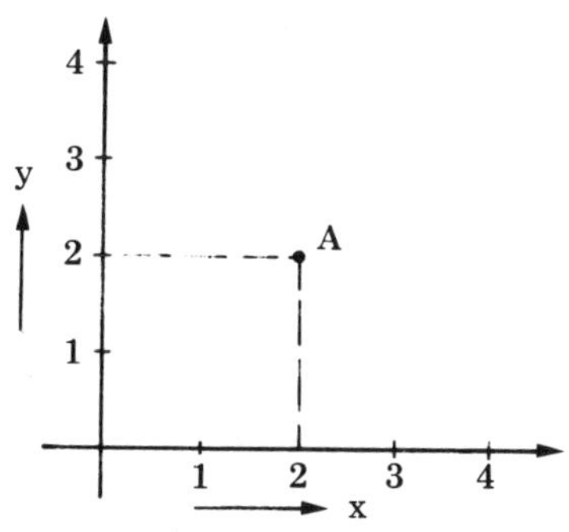

Bild 15: Das zweidimensionale Koordinatensystem.

zwei Einheiten nach rechts und in der Richtung y um zwei Einheiten nach oben, so trifft man auf den Gegenstand A.

Nehmen wir nun an, wir wollten die Position eines Gegenstandes bestimmen, der sich nicht auf einer Ebene, sondern im Raum befindet, z.B. die Position eines an einer Schnur befestigten Ballons, der in einer bestimmten Höhe fest über einer Fläche schwebt. Dazu ist ein dreidimensionales System mit den Koordinaten x, y und z erforderlich. Legt man den Bezugspunkt 0 auf irgend einen Punkt der Erdoberfläche, so könnte etwa x die Richtung West/Ost, y die Richtung Nord/Süd und z die Höhe über der Erdoberfläche darstellen. Sagt man nun, daß der Ballon in der Position von $x = 2°$ West, $y = 3°$ Nord und $z = 3$ m schwebt, so ist seine Stellung eindeutig definiert. Man braucht lediglich um 2° nach Westen und um 3° nach Norden zu gehen, um den Ballon in einer Höhe von 3 m über seinem Kopf zu erblicken.

4.2.2 Das Galileische Relativitätsprinzip

Dieses Prinzip besagt, daß die Beschreibung der Bewegung eines Körpers einen zweiten Körper voraussetzt, der als Bezugspunkt für die Ortsveränderung des ersten Körpers dient. So dient etwa als Bezugspunkt der Bewegung eines Eisenbahnzuges der Erdboden, als Bezugspunkt der Bewegung eines Planeten die Lage der Fixsterne usw. Seit dem griechischen Altertum bekannt, wurde dieses Prinzip von Galilei theoretisch begründet und in seiner Formulierung von Einstein übernommen.

4.2.3 Die Galilei-Transformationen

Vor der Formulierung der Relativitätstheorie galt es als ausgemacht, daß die Übertragung eines Ereignisses aus einem Bezugssystem BS_1 in ein anderes Bezugssystem BS_2, das sich in relativer geradliniger Bewegung zu dem ersteren befindet, mit Hilfe der sog. Galilei-Transformationen vorgenommen werden kann.

Betrachten wir zur Veranschaulichung die Bezugssysteme BS_1 und BS_2 des Bildes 16. Befinden sich diese Systeme in Richtung x mit einer Geschwindigkeit v in relativer geradliniger Bewegung zueinander, so gilt:

$$x' = x - vt$$
$$y' = y$$
$$z' = z$$
$$t' = t$$

Mit Hilfe dieser Formeln läßt sich jedes Ereignis, das im Bezugssystem BS_1 zu einer Zeit t durch die Koordinaten x_1, y_1 und z_1 gekennzeichnet ist, in das Bezugssystem BS_2 übertragen.

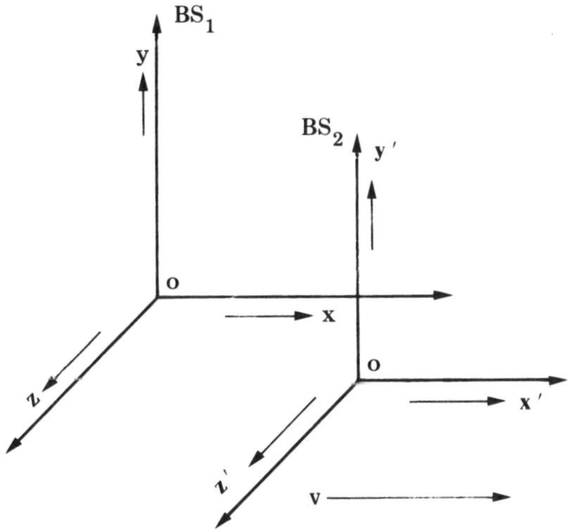

Bild 16: Zur Erläuterung der Galilei-Transformation.

Nehmen wir zunächst an, daß die Geschwindigkeit der relativen Bewegung der Systeme im Vergleich zur Lichtgeschwindigkeit gering ist. Dabei wollen wir voraussetzen, daß das Bezugssystem BS_1 des Bildes 16 ruht, während sich das Bezugssystem BS_2 von ihm mit der Geschwindigkeit v in der Richtung x entfernt. Da in der klassischen Mechanik die Zeit als absolute Größe gilt, besteht nach ihrer Auffassung zwischen der Zeit t des ruhenden Bezugssystems und der Zeit t' des bewegten Bezugssystems kein Unterschied, d.h. es gilt $t = t'$. Da die Bewegung in der Richtung x geschieht, bleiben auch die Längen y und z bzw. y' und z' unverändert. Es gilt also $y = y'$ und $z = z'$. Nur in der Richtung x gilt die Beziehung $x' = x - vt$, da sich die Bezugssysteme in der Zeit t mit der Geschwindigkeit v um die Strecke $s = vt$ voneinander entfernt haben.

Die Galilei-Transformationen beinhalten ihre Gültigkeit jedoch nur unter der genannten Voraussetzung, daß die Geschwindigkeit, mit der sich die Bezugssysteme gegeneinander bewegen, im Vergleich zur Lichtgeschwindigkeit gering ist. Nimmt sie höhere Werte an, so erweisen sich die Transformationsformeln in zunehmendem Maße als unzureichend, worauf wir im weiteren Verlauf zurückkommen werden.

4.3 Die Lorentz-Transformationen

Wie wir gesehen haben, übernehmen die Galilei-Transformationen den Begriff der absoluten Zeit, so daß sie mit der Newton'schen Mechanik in Einklang stehen, ohne eine Lösung der erwähnten Aporien zu erlauben. Diese Aporien suchen die sog. Lorentz-Transformationen Rechnung zu tragen.

Der entscheidende Unterschied zwischen den Galilei- und den Lorentz-Transformationen besteht darin, daß bei letzteren bei der Übertragung eines Ereignisses aus einem Bezugssystem BS_1 in ein Bezugssystem BS_2, das sich in relativer geradliniger Bewegung zu BS_1 befindet, der Faktor der Geschwindigkeit v in Relation zur Lichtgeschwindigkeit in Erscheinung tritt.

Die nachstehende Tabelle 1 enthält die Lorentz-Transformationen für die Übertragung von Ereignissen zwischen zwei Bezugssystemen BS_1 und BS_2 mit den Koordinaten x, y, z, t bzw. x', y', z', t', die sich in relativer geradliniger Bewegung zueinander befinden.

Tabelle 1: Die Lorentz-Transformationen

$x' = \frac{x - vt}{1 - (v/c)^2}$	$x = \frac{x' + vt}{1 - (v/c)^2}$
$y' = y$	$y = y'$
$z' = z$	$z = z'$
$t' = \frac{t - (v/c^2)\,x}{1 - (v/c)^2}$	$t = \frac{t' + (v/c^2)\,x'}{1 - (v/c)^2}$

Betrachtet man die Gleichungen näher, so stellt man fest, daß sie eine Korrektur der Galilei-Transformationen für große Geschwindigkeiten darstellen. Sobald die relative Geschwindigkeit v eines Bezugssystems gegenüber einem anderen Bezugssystem im Verhältnis zur Lichtgeschwindigkeit sehr klein wird, gehen diese Gleichungen in die Galilei'schen Gleichungen über, und wir erhalten:

$$x' = x - vt \qquad y' = y \qquad z' = z \qquad t' = t,$$

d.h. die bekannten Galilei-Transformationen.

Versucht man nun unter Berücksichtigung der Lorentz-Transformationen ein Ereignis aus einem Bezugssystem in ein anderes zu übertragen, so treten auffällige Erscheinungen auf, sobald die relative Bewegung der Systeme eine Geschwindigkeit v aufweist, die sich der Lichtgeschwindigkeit c nähert. Verantwortlich für diese Erscheinungen ist der Faktor b = v/c.

4.4 Der entscheidende Schritt: Einsteins Konzept der speziellen Relativitätstheorie

Wir haben bereits gesehen, daß zu Beginn des 20. Jahrhunderts sowohl die Begriffe des „absoluten Raumes“, der „absoluten Bewegung“ und der „absoluten Zeit“ als auch der Begriff des Äthers, dessen experimenteller Nachweis gescheitert war, wachsender Kritik ausgesetzt waren. Obwohl die genannten Lorentz-Transformationen bereits den Kern der speziellen Relativitätstheorie enthielten, blieben sie auf halber Strecke stehen, da sie an der Vorstellung des Äthers als des Mediums der Ausbreitung des Lichts festhielten. Einstein kannte diese Transformationen sehr wohl, benutzte sie aber zunächst nicht, da er die Lösung des Problems auf gänzlich anderem Wege anstrebte. Gleichwohl zollte er der Leistung Lorentz' die gebührende Anerkennung. Er selbst war es, der vorschlug, den Lorentz-Transformationen den Namen ihres Entdeckers zu geben, unter dem sie seither in Zusammenhang mit der speziellen Relativitätstheorie angeführt werden.

Im Jahre 1905 veröffentlichte Einstein in den „Annalen der Physik“ eine Arbeit unter dem Titel „Zur Elektrodynamik bewegter Körper“. Bereits in den ersten Zeilen des Artikels (vgl. Bild 17) spricht er von den im System der zeitgenössischen Physik vorhandenen „Asymmetrien“ und spielt damit auf die Schwierigkeiten der Zeit an, die beobachteten und häufig in widersprüchlicher Weise erklärten Phänomene miteinander in Einklang zu bringen. Unter Bezug auf das Michelson-Morley-Experiment spricht er von „mißlungenen Versuchen, eine Bewegung der Erde relativ zum Lichtmedium zu konstatieren.“ In späteren Jahren hob Einstein hervor, daß dieses Experiment für seine eigenen Gedankengänge von untergeordneter Bedeutung war:

> „Das entscheidende Experiment von Michelson und Morley hatte auf meine eigenen Bemühungen nur ziemlich indirekten Einfluß. Ich erfuhr davon durch die Untersuchungen von H. A. Lorentz zur Elektrodynamik bewegter Körper (1895), mit denen ich bekannt wurde, bevor ich die spezielle Relativitätstheorie entwickelte ... Was mich mehr oder weniger direkt zur speziellen Relativitätstheorie führte, war die Überzeugung, daß die elektrodynamische Kraft, die in einem magnetischen Feld auf einen bewegten Körper wirkt, nichts anderes als ein elektrisches Feld war.“

Das Wesentliche der ersten Publikation des Autors zur Relativitätstheorie aber ist ein Satz, der den eigentlichen Kern seiner Arbeit formuliert und der zum Ausgangspunkt eines kolossalen wissenschaftlichen Werks werden sollte. Er lautete:

„*Wir wollen diese Vermutung (deren Inhalt im folgenden ‚Prinzip der Relativität' genannt werden wird) zur* Voraussetzung *erheben und außerdem die mit ihm* nur scheinbar *unverträglichen Voraussetzungen, daß sich das Licht im leeren Raum* stets mit einer bestimmten vom Bewegungszustand des emittierenden Körpers unabhängigen Geschwindigkeit v fortpflanze."

Diese wenigen Worte enthalten die Revolution der modernen Physik. Einstein behauptet darin nicht mehr und nicht weniger, als daß 1 + 1 nicht unter allen Umständen 2 sein muß, daß mit anderen Worten die Erkenntnisse der Newton'schen Mechanik nicht in jedem Falle zutreffen. Dabei beschreitet er einen Weg, der dem der Vorgänger gerade entgegengesetzt ist, indem er das Ergebnis des Michelson'schen Experiments zur Voraussetzung erhebt, aus der er eine neue Theorie zum Verständnis der bislang unerklärlichen Phänomene entwickelt.

Kernpunkt der Einstein'schen Überlegungen war also, „daß sich das Licht im leeren Raum stets mit einer bestimmten, vom Bewegungszustand des emittierenden Körpers unabhängigen Geschwindigkeit v ausbreite". Seit langem durch astronomische Beobachtungen erhärtet, hatte diese Tatsache bis zu seiner Zeit nicht die gebührende Beachtung gefunden.

War mithin Einstein doch nicht der Schöpfer der Relativitätstheorie, wie es seine Feinde später behauptet haben? Einwände dieser Art müssen rundweg zurückgewiesen werden, denn es waren erst Einsteins geniale Gedankengänge, welche die isolierten wissenschaftlichen Einsichten seiner Vorgänger zu einer einheitlichen Theorie zusammenzufassen verstanden.

Die spezielle Relativitätstheorie ist im Prinzip eine systematische Erweiterung der Elektrodynamik von Maxwell und Lorentz. Sie eröffnete jedoch gänzlich neue Horizonte und überschritt selbst ihre eigenen Grenzen.

Einsteins Theorie beruht auf zwei bereits zuvor formulierten Prinzipien: dem Prinzip der Konstanz der Lichtgeschwindigkeit und dem Galileischen Relativitätsprinzip.

Die Geburtsstunde der speziellen Relativitätstheorie ist schwer zu bestimmen, da es darüber unterschiedliche und teilweise widersprüchliche Angaben gibt. Es ist nur natürlich, daß Einstein in späteren Jahren auf diesbezügliche Fragen unterschiedliche Antworten gab. Auch bei „gewöhnlichen Sterblichen" entwickeln sich Gedanken und Ideen oft über eine lange Zeit im Unterbewußtsein, bis sie durch einen oft zufälligen Anstoß zutagetreten. Versucht man sich nachträglich zu erinnern, wann der betreffende Ge-

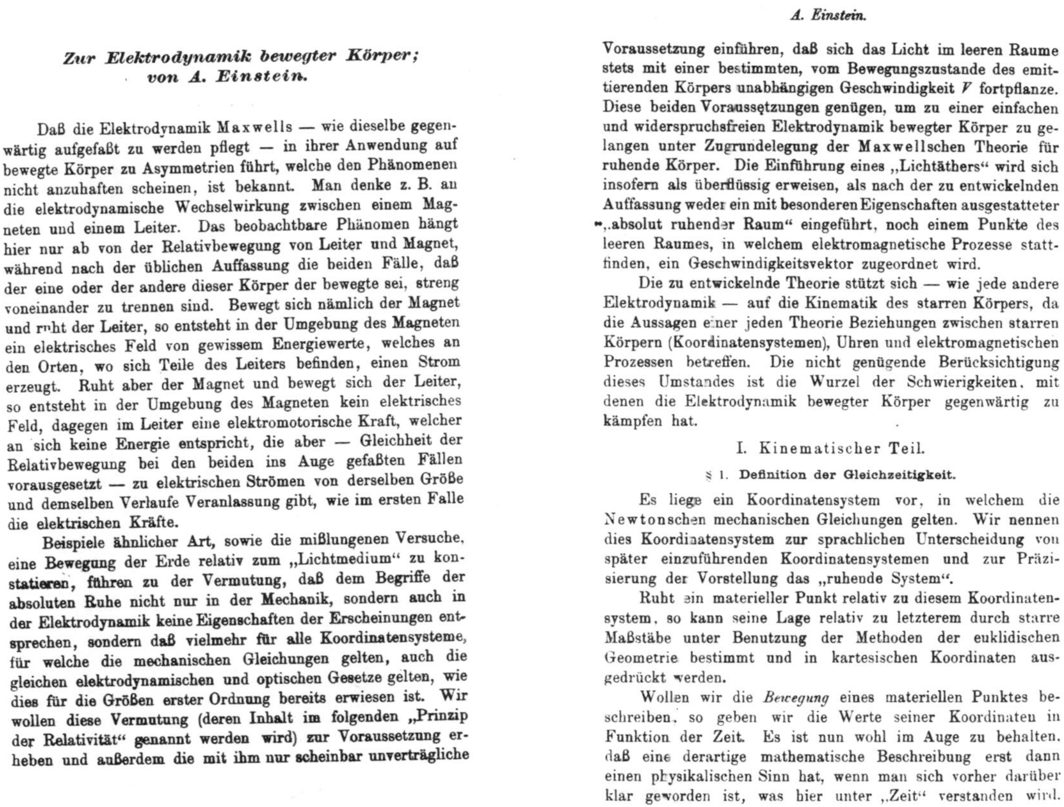

Zur Elektrodynamik bewegter Körper;
von A. Einstein.

Daß die Elektrodynamik Maxwells — wie dieselbe gegenwärtig aufgefaßt zu werden pflegt — in ihrer Anwendung auf bewegte Körper zu Asymmetrien führt, welche den Phänomenen nicht anzuhaften scheinen, ist bekannt. Man denke z. B. an die elektrodynamische Wechselwirkung zwischen einem Magneten und einem Leiter. Das beobachtbare Phänomen hängt hier nur ab von der Relativbewegung von Leiter und Magnet, während nach der üblichen Auffassung die beiden Fälle, daß der eine oder der andere dieser Körper der bewegte sei, streng voneinander zu trennen sind. Bewegt sich nämlich der Magnet und ruht der Leiter, so entsteht in der Umgebung des Magneten ein elektrisches Feld von gewissem Energiewerte, welches an den Orten, wo sich Teile des Leiters befinden, einen Strom erzeugt. Ruht aber der Magnet und bewegt sich der Leiter, so entsteht in der Umgebung des Magneten kein elektrisches Feld, dagegen im Leiter eine elektromotorische Kraft, welcher an sich keine Energie entspricht, die aber — Gleichheit der Relativbewegung bei den beiden ins Auge gefaßten Fällen vorausgesetzt — zu elektrischen Strömen von derselben Größe und demselben Verlaufe Veranlassung gibt, wie im ersten Falle die elektrischen Kräfte.

Beispiele ähnlicher Art, sowie die mißlungenen Versuche, eine Bewegung der Erde relativ zum „Lichtmedium" zu konstatieren, führen zu der Vermutung, daß dem Begriffe der absoluten Ruhe nicht nur in der Mechanik, sondern auch in der Elektrodynamik keine Eigenschaften der Erscheinungen entsprechen, sondern daß vielmehr für alle Koordinatensysteme, für welche die mechanischen Gleichungen gelten, auch die gleichen elektrodynamischen und optischen Gesetze gelten, wie dies für die Größen erster Ordnung bereits erwiesen ist. Wir wollen diese Vermutung (deren Inhalt im folgenden „Prinzip der Relativität" genannt werden wird) zur Voraussetzung erheben und außerdem die mit ihm nur scheinbar unverträgliche

A. Einstein.

Voraussetzung einführen, daß sich das Licht im leeren Raume stets mit einer bestimmten, vom Bewegungszustande des emittierenden Körpers unabhängigen Geschwindigkeit V fortpflanze. Diese beiden Voraussetzungen genügen, um zu einer einfachen und widerspruchsfreien Elektrodynamik bewegter Körper zu gelangen unter Zugrundelegung der Maxwellschen Theorie für ruhende Körper. Die Einführung eines „Lichtäthers" wird sich insofern als überflüssig erweisen, als nach der zu entwickelnden Auffassung weder ein mit besonderen Eigenschaften ausgestatteter „absolut ruhender Raum" eingeführt, noch einem Punkte des leeren Raumes, in welchem elektromagnetische Prozesse stattfinden, ein Geschwindigkeitsvektor zugeordnet wird.

Die zu entwickelnde Theorie stützt sich — wie jede andere Elektrodynamik — auf die Kinematik des starren Körpers, da die Aussagen einer jeden Theorie Beziehungen zwischen starren Körpern (Koordinatensystemen), Uhren und elektromagnetischen Prozessen betreffen. Die nicht genügende Berücksichtigung dieses Umstandes ist die Wurzel der Schwierigkeiten, mit denen die Elektrodynamik bewegter Körper gegenwärtig zu kämpfen hat.

I. Kinematischer Teil.

§ 1. **Definition der Gleichzeitigkeit.**

Es liege ein Koordinatensystem vor, in welchem die Newtonschen mechanischen Gleichungen gelten. Wir nennen dies Koordinatensystem zur sprachlichen Unterscheidung von später einzuführenden Koordinatensystemen und zur Präzisierung der Vorstellung das „ruhende System".

Ruht ein materieller Punkt relativ zu diesem Koordinatensystem, so kann seine Lage relativ zu letzterem durch starre Maßstäbe unter Benutzung der Methoden der euklidischen Geometrie bestimmt und in kartesischen Koordinaten ausgedrückt werden.

Wollen wir die *Bewegung* eines materiellen Punktes beschreiben, so geben wir die Werte seiner Koordinaten in Funktion der Zeit. Es ist nun wohl im Auge zu behalten, daß eine derartige mathematische Beschreibung erst dann einen physikalischen Sinn hat, wenn man sich vorher darüber klar geworden ist, was hier unter „Zeit" verstanden wird.

Bild 17: Die ersten zwei Seiten aus Einsteins frühester Publikation über die spezielle Relativitätstheorie.

danke zum ersten Mal entstand, so gerät man in Verlegenheit und neigt ungewollt zu widersprüchlichen Auskünften. Nicht anders erging es auch Einstein. Bald erzählte er, daß ihm die entscheidende Einsicht eines Tages zwischen Aufstehen und Frühstück kam, bald berichtete er, daß er bereits als Schüler des Aarauer Gymnasiums mit Gedanken umging, die den Keim seiner Theorie enthielten. Wahrscheinlich sind beide Angaben gleichermaßen zutreffend, so daß es müßig ist, nach einer datierbaren Geburtsstunde der Relativitätstheorie zu suchen.

Einstein knüpft an Machs Kritik der Begriffe des „absoluten Raumes", der „absoluten Bewegung" und der „absoluten Zeit" an und versucht, diese Begriffe aus der Newton'schen Mechanik zu entfernen. Stellt man jedoch den Begriff der „absoluten Zeit" in Frage, so muß man eo ipso die Einheitlichkeit der Zeit und damit den Begriff der Gleichzeitigkeit in Frage stellen, der besagt, daß ein und dasselbe Ereignis gleichzeitig an zwei oder mehreren Orten des Universums geschehen kann. Einstein erläutert die Problematik durch das folgende Gedankenexperiment:

Auf einem Geleise bewegt sich ein Zug (vgl. Bild 18) von links nach rechts mit einer Geschwindigkeit v. Während sich der Zug exakt in der Mitte der Strecke 1—2 befindet, schlägt in die Stellen 1 und 2 der Schiene „gleichzeitig" ein Blitz ein. Genau in der Mitte des Zuges befindet sich der Beobachter B, und genau in der Mitte der Strecke 1—2 befindet sich auf dem Erdboden der Beobachter A. Fragt man nun den Beobachter A, ob der Blitz gleichzeitig an den Stellen 1 und 2 eingeschlagen hat, so wird er die Frage positiv beantworten, da er weiß, daß er sich in der Mitte der Strecke 1—2 befindet und daß ihn das beobachtete Phänomen von beiden Stellen mit der gleichen Lichtgeschwindigkeit von $3 \cdot 10^8$ m/sec erreicht. Richtet man die gleiche Frage dagegen an den Beobachter B, der sich mit der Geschwindigkeit v auf die Stelle 2 zubewegt, so wird er versichern, daß der Blitz zuerst an der Stelle 2 und erst danach an der Stelle 1 eingeschlagen hat.

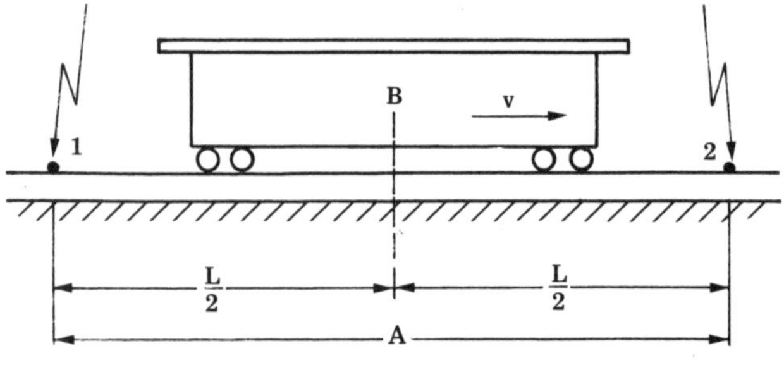

Bild 18: Zur Erläuterung des Begriffs der Gleichzeitigkeit.

Das Gedankenexperiment führt Einstein zu dem Schluß, daß der Begriff der Gleichzeitigkeit nicht existieren kann, die Zeit vielmehr stets in Verbindung mit der Bewegung steht. Damit entfallen die Begriffe der „absoluten Zeit“ und der „absoluten Bewegung“. Die Bewegung eines Körpers oder eines Bezugssystems kann mithin allein in Bezug auf einen anderen Körper bzw. ein anderes Bezugssystem beschrieben werden, und jedes Bezugssystem muß seine eigene „Zeit“ aufweisen.

Aufgrund dieser Überlegungen gelangte Einstein zu der Einsicht, daß das Koordinatensystem des dreidimensionalen Raumes mit den Koordinaten x, y und z um eine vierte Dimension t zu ergänzen ist. Es ergab sich der Begriff des Raum-Zeit-Kontinuums, der umwälzende Konsequenzen nach sich ziehen sollte.

4.5 Das Raum-Zeit-Kontinuum

Bis zur Formulierung der Einstein'schen Hypothese wurden Raum und Zeit als separate physikalische Größen betrachtet. Der Raum galt als dreidimensionales Kontinuum. Das bedeutet, daß ein Punkt oder Gegenstand, dessen Position im Raum durch die drei Koordinaten x, y, z bestimmt werden kann, einem anderen, durch die Koordinaten x_1, y_1, z_1 beschriebenen Punkte oder Gegenstand beliebig nahe sein kann. Zur Veranschaulichung betrachten wir das Beispiel eines Ballons, der fest verankert mit einer Position von 20° West und 25° Nord in einer Höhe von 500 m über der Erdoberfläche steht. Um den Ballon ausfindig zu machen, müssen wir — von Greenwich gerechnet — um 20° nach Westen und — vom Äquator gerechnet — um 25° nach Norden marschieren, um den Ballon in einer Höhe von 500 m über unserem Kopf zu erblicken. Als Bezugssystem haben wir in unserem Beispiel die Erde, dabei als willkürliche Nullpunkte die englische Ortschaft Greenwich und den Äquator gewählt. Dabei spielt der Faktor Zeit keinerlei Rolle.

Um eben diesen Faktor erweiterte nun Einstein die Raumvorstellung. Dadurch trat zu den herkömmlichen Dimensionen des dreidimensionalen Raumes eine vierte hinzu: es entstand die Vorstellung des vierdimensionalen Raum-Zeit-Kontinuums, in dem jedes Ereignis durch die vier Koordinaten x, y, z und t beschrieben wird. Ebenso wie es im dreidimensionalen Raumkontinuum beliebig viele einem Punkt x, y, z benachbarte Punkte x_1, y_1, z_1 gibt, so gibt es im vierdimensionalen Raum-Zeit-Kontinuum beliebig viele einem Ereignis x, y, z, t benachbarte Ereignisse x_1, y_1, z_1, t_1, also eine „Mannigfaltigkeit“, die der mathematische Schöpfer des Raum-Zeit-Kontinuums, Hermann Minkowski, als die „Welt“ bezeichnete.

Will man also die Position des genannten Ballons im Raum-Zeit-Kontinuum definieren, so muß man den angegebenen Koordinaten die Dimension der Zeit hinzufügen und sagen: Der Ballon befindet sich zur Zeit t in der Position von 20° West, 25° Nord, in einer Höhe von 500 m, oder allgemein: Die Position des Ballons ist x, y, z, t.

4.6 Die Addition der Geschwindigkeiten

Das Problem der Addition der Geschwindigkeiten ist bereits im Vorangehenden angesprochen worden. Dabei haben wir gesehen, daß die klassische Physik einer solchen Addition keine Grenzen setzt. Für sie sind mithin Geschwindigkeiten zulässig, welche die Lichtgeschwindigkeit übertreffen. Diese Annahme widerspricht, wie wir gesehen haben, dem von Einstein formulierten Relativitätsprinzip. Zieht man dagegen die Lorentz-Transformationen zur Addition der Geschwindigkeiten heran, so erhält man die Formel

$$v_{ges.} = \frac{v_1 + v_2}{1 + \frac{v_1 \cdot v_2}{c^2}}$$

Diese Formel steht in Einklang mit dem Relativitätsprinzip, da sie im Gegensatz zu den Anschauungen der klassischen Physik nicht erlaubt, daß die Addition zweier Geschwindigkeiten zu einem Wert führt, der größer als der der Lichtgeschwindigkeit ist.

Nehmen wir zur Veranschaulichung an, daß sich ein Raumschiff im Raum mit gleichmäßiger Geschwindigkeit in einer bestimmten Richtung bewegt, während zugleich im Inneren

Bild 19: Hermann Minkowski (1864—1909), Mathematiker und Lehrer Einsteins. Er schuf die mathematischen Grundlagen des vierdimensionalen Raum-Zeit-Kontinuums. (Foto: Deutsches Museum)

des Raumschiffs ein Elektron in gleicher Richtung wandert. Die Geschwindigkeit des Raumschiffs sei $v_1 = 0{,}8$ c, die Geschwindigkeit des Elektrons $v_2 = 0{,}3$ c. Setzen wir diese Werte in die vorstehende Formel ein, so erhalten wir als Endgeschwindigkeit einen Wert von $v_{ges.} = 0{,}887$ c, d.h. einen Wert, der deutlich niedriger als der Wert der Lichtgeschwindigkeit ist.

Bei Geschwindigkeiten, die weit unterhalb der Lichtgeschwindigkeit liegen, kann jedoch der Parameter $v_1 \cdot v_2/c^2$ vernachlässigt werden, so daß sich die genannte Formel in Einklang mit der Newton'schen Auffassung zu

$$v_{ges.} = v_1 + v_2$$

vereinfacht. Es zeigt sich, daß die Newton'sche Mechanik annäherungsweise richtig ist, so daß die Wissenschaft nicht ohne Grund über Jahrhunderte hinweg keinen Anlaß zu ihrer Korrektur sah. Ebenso wird deutlich, daß die Relativitätstheorie eine Präzisierung der Newton'schen Mechanik darstellt, die relevant wird, sobald man es mit Geschwindigkeiten zu tun hat, die sich nicht oder nur wenig von der Lichtgeschwindigkeit unterscheiden. Im täglichen Leben kann man nach wie vor ohne Berücksichtigung der Relativitätstheorie auskommen. Anders im Falle der Kernphysik, die mit Teilchen arbeitet, deren Geschwindigkeit der Lichtgeschwindigkeit nahekommt.

4.6.1 Der scheinbare Widerspruch

In den voranstehenden Ausführungen haben wir den Kern der speziellen Relativitätstheorie unter Zuhilfenahme der Lorentz-Transformationen erläutert. Was bedeutet die Behauptung, daß die Lichtgeschwindigkeit konstant und von der Bewegung der emittierenden Quelle unabhängig ist, jedoch in der Praxis? Wir erwarteten ja, daß im Beispiel des Bildes 11 der Beobachter B die Morsesignale mit einer Geschwindigkeit empfängt, die größer als die Lichtgeschwindigkeit ist. Auch hier enttäuscht die Relativitätstheorie unsere Erwartungen. Wo liegt der Widerspruch? Das Geheimnis liegt im Begriff der „Zeit", d.h. in der Tatsache, daß jedes Bezugssystem über seine eigene Zeit, die sog. „Ortszeit" verfügt. Betrachten wir zur Veranschaulichung das Experiment des Bildes 11. Durch die Bewegung des Rollbandes wird zwar die Entfernung zwischen der Lichtquelle und dem Beobachter B zunehmend kleiner. Zugleich wird jedoch auch die „Ortszeit" des bewegten Rollbandes gegenüber der „Ortszeit" des stehenden Beobachters B verlangsamt, so daß die Gesamtgeschwindigkeit v + c gleich c bleibt, denn es gilt $t = S/v$, wobei S die Strecke, v die Geschwindigkeit und t die Zeit darstellt. Die Relativitätstheorie bringt also die Praxis in Einklang mit dem Phänomen der unabhängig von der Bewegung der emittierenden Quelle konstanten Lichtgeschwindigkeit. Die Ursache dieses Phänomens aber bleibt wie viele andere Naturgesetze einstweilen unerklärt. Entdeckt der menschliche Geist eines Tages im Mikro- oder Makrokosmos Bereiche, in denen das Naturgesetz der konstanten Lichtgeschwindigkeit aufgehoben ist, so wird es einer neuen Theorie bedürfen, um die wissenschaftliche Anschauung der Welt „in Ordnung" zu bringen. Ein „neuer Einstein" wird erstehen, der den alten Einstein in gleicher Weise aufheben wird, wie es dieser mit Newton tat.

4.7 Folgerungen aus der speziellen Relativitätstheorie

Mit seiner Veröffentlichung aus dem Jahre 1905 gelang es Einstein, eine schlüssige Antwort auf die brennenden Probleme der zeitgenössischen Physik zu geben. Nur zu bald wurde ihm jedoch bewußt, daß diese Antwort weitreichende Konsequenzen nach sich zog und gleichsam, wie er später formulierte, ihre eigenen Grenzen überschritt. Gemeint war nicht allein die These von der Äquivalenz von Masse und Energie, sondern auch die Konzeption der allgemeinen Relativitätstheorie, die wenige Jahre später formuliert wurde und eine Revolution des gesamten Weltbilds zur Folge hatte, wie der einheitlichen Feldtheorie, deren abschließende Formulierung Einstein durch den Tod verwehrt blieb. Wir wollen an dieser Stelle jedoch zunächst die eigentlichen Folgerungen aus der speziellen Relativitätstheorie behandeln.

4.7.1 Die Längenkontraktion oder: Die Längen werden in der Bewegungsrichtung gekürzt

Eine der Folgerungen der speziellen Relativitätstheorie ist die sog. Längenkontraktion. Sie besagt, daß die gemessene Länge eines Körpers am größten ist, wenn er in Bezug auf den Beobachter ruht, wenn also mit anderen Worten der betreffende Körper und der Beobachter dem gleichen Bezugssystem angehören. Nehmen wir an, wir säßen an unserem Schreibtisch und messen die Länge des vorliegenden Buches: Sie beträgt etwa 21,5 cm. Bewegt sich dagegen der gemessene Körper mit einer Geschwindigkeit v in Bezug zum Beobachter, so erscheint seine Länge in Richtung der Bewegung auf das $\sqrt{1 - b^2}$-fache verkürzt, während seine Abmessungen senkrecht zur Bewegungsrichtung unverändert bleiben.

Zur Veranschaulichung betrachten wir wiederum die Versuchsperson auf einem Rollband (vgl. Bild 20), das sich mit der Geschwindigkeit v am Beobachter B vorbeibewegt. Die Versuchsperson hält das Buch parallel zum Rollband und liest darin. Die angenommene Geschwindigkeit des

Rollbandes sei v = 0,6 c. Versucht nun der Beobachter B, die Länge des Buches zu messen, so wird er zu seiner Überraschung feststellen, daß sie nicht mehr 21,5, sondern nurmehr $21{,}5 \times \sqrt{1 - b^2} = 21{,}5 \times 0{,}8 = 17{,}8$ cm

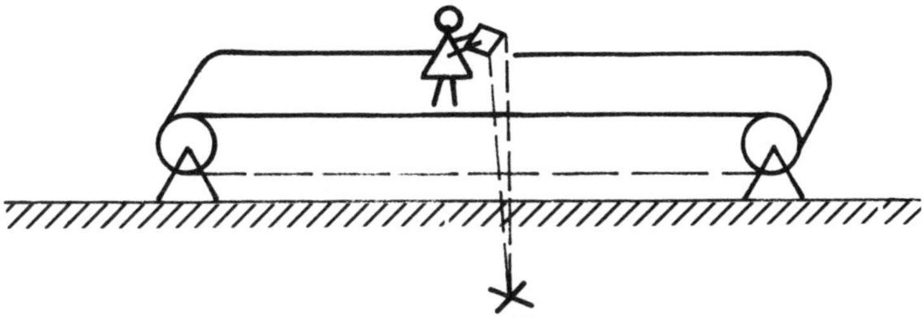

Bild 20: Zur Erläuterung der Längenkontraktion.

beträgt. Die Dicke des Buches bleibt dagegen unverändert, weil, wie gesagt, die senkrechten Abmessungen von der Längenkontraktion nicht beeinflußt werden.

Nehmen wir nun an, die Versuchsperson auf dem Rollband hielte einen Ball von 20 cm Durchmesser in den Händen. Sucht der Beobachter B diesen Durchmesser zu messen, während sich das Band mit einer Geschwindigkeit von 0,6 c an ihm vorbeibewegt, so wird er in der Richtung der Bewegung einen Wert von nurmehr 20 x 0,8 = 16,0 cm ermitteln, während der senkrechte Durchmesser des Balles nach wie vor 20 cm beträgt. Aus dem Ball ist mit anderen Worten scheinbar ein ovales Gebilde geworden. Die Überraschung des Beobachters wäre noch weitaus größer, wenn er den waagerechten Durchmesser des Balles bei einer Bewegung des Rollbandes messen wollte, die der Lichtgeschwindigkeit gleichkommt. Der waagerechte Durchmesser hätte den Wert 0 angenommen, während der senkrechte Durchmesser unverändert geblieben wäre. Aus dem Ball wäre also scheinbar eine unendlich dünne Scheibe geworden — eine auf den ersten Blick absurde, aber unbestreitbare Tatsache. Zugleich erscheint mit wachsender Geschwindigkeit des Bandes auch die Versuchsperson dünner und dünner, bis auch sie bei Lichtgeschwindigkeit des Bandes eine unendlich dünne Scheibe ihrer ursprünglichen, natürlichen Größe darstellen würde. All dies gilt jedoch nur vom Standpunkt des Beobachters B, während die Versuchsperson selbst weder an sich noch an dem Ball die geringste Veränderung wahrnehmen würde.

4.7.2 Die Zeitdilatation oder: Die Uhren gehen langsamer

Eine weitere Folgerung der speziellen Relativitätstheorie ist die sog. Zeitdilatation. Sie besagt, daß eine Uhr, die sich in einem Bezugssystem befindet, das sich zu einem anderen Bezugssystem in relativer Bewegung befindet, langsamer läuft als eine Uhr des anderen Bezugssystems. Die Differenz beträgt wiederum den Faktor $\sqrt{1-b^2}$.

Zum besseren Verständnis kehren wir zum Beispiel der Versuchsperson auf dem Rollband zurück. Diesmal hält sie eine Uhr in Händen, die mit der Uhr des Beobachters B synchronisiert ist. Beide Uhren zeigen zum Zeitpunkt der Zeitmessung den gleichen Wert, z.B. 10:00 Uhr. Das Rollband soll sich mit den hypothetischen Geschwindigkeiten $v_1 = 0{,}3$ c, $v_2 = 0{,}6$ c, $v_3 = 0{,}8$ c und $v_4 = 0{,}99$ c bewegen. Nach der Uhr des Beobachters B bewegt sich das Rollband um 10:10 Uhr mit der ersten Geschwindigkeit von $v_1 = 0{,}3$ c. Würde der Beobachter B in diesem Moment die Uhr der Versuchsperson auf dem Rollband ablesen, so würde er feststellen, daß nach dieser Uhr seit dem Beginn der Zeitmessung nicht 10 min., sondern erst $10 \times \sqrt{1-b^2} = 10 \times 0{,}954 = 9{,}54$ min. verstrichen sind. Beide Uhren zeigen also eine Zeitdifferenz von 0,46 min. = 27,6 sec. Erhöht sich die Geschwindigkeit des Bandes auf die Werte von 0,6, 0,8 und 0,99 der Lichtgeschwindigkeit, so erhöht sich die Zeitdifferenz auf die Werte von 120, 240 bzw. 514,4 sec.

Diese Zahlen besagen nicht mehr und nicht weniger, als daß der Beobachter B in der gemessenen Zeit um 10 min. älter geworden ist, während die Versuchsperson auf dem Rollband um 27,6, 120, 240 bzw. 514,4 sec. weniger gealtert ist. Je höher die Geschwindigkeit, mit der sie an dem Beobachter B vorbeifährt, desto effektiver ist ihre „Verjüngungskur".

4.7.2.1 Ein praxisbezogenes Beispiel der Zeitdilatation

Das Problem des experimentellen Nachweises der Zeitdilatation liegt darin, daß es nicht leicht fällt, in der Natur Objekte ausfindig zu machen, die sich mit hinreichend hohen Geschwindigkeiten bewegen.

Eine Möglichkeit, die genannten Folgerungen praktisch zu beobachten, bietet jedoch die kosmische Strahlung. Dabei handelt es sich konkret um kosmische Elementarteilchen, die sog. Myonen, die in einer Höhe von ca. 20 km über der Erdoberfläche erzeugt werden. Da sie nahezu augenblicklich in ein Elektron resp. ein Positron und zwei Neutrinos zerfallen, vermögen sie niemals die Erdoberfläche zu erreichen. Ihre Lebensdauer beträgt nur ca. $2{,}2 \cdot 10^{-6}$ sec. Ihre Geschwindigkeit erreicht dagegen einen Wert von 0,9998 der Lichtgeschwindigkeit, so daß sie zur Demonstration von relativistischen Effekten sehr geeignet sind.

Legt man die genannten Zahlen — die Geschwindigkeit von 0,9998 c und die Lebensdauer von $2{,}2 \cdot 10^{-6}$ sec — zugrunde, so kann man leicht errechnen, welche Strecke S ein solches Teilchen während seiner kurzen Existenz zurücklegt. Sie beträgt

$$S = 0{,}9998 \times 3 \cdot 10^{8} \text{ m/sec } \times 2{,}2 \cdot 10^{-6} \text{ sec} \approx 650 \text{ m}.$$

Das bedeutet, daß die in einer Höhe von ca. 20 km über dem Erdboden erzeugten Teilchen nicht die geringste Chance haben, die Erdoberfläche zu erreichen. Die Praxis dagegen zeigt, daß sie wider Erwarten am Erdboden nachgewiesen werden können. Die einzige Erklärung des verblüffenden Phänomens bietet die Relativitätstheorie, speziell die Implikation der Zeitdilatation.

Ein Beobachter auf der Erde sieht das Teilchen mit einer Geschwindigkeit von 0,9998 c auf sich zukommen, d.h. die relative Geschwindigkeit des Teilchens zum Beobachter beträgt 0,9998 c. Das aber bedeutet, daß unter der Voraussetzung der Zeitdilatation seine tatsächliche Lebensdauer weitaus größer ist, und zwar um den Faktor $1/\sqrt{1 - b^2}$. Dieser Faktor entspricht bei einer Geschwindigkeit von v = 0,9998 c einem Wert von 50, so daß die Lebensdauer des Myons nicht $2{,}2 \cdot 10^{-6}$ sec, sondern den 50-fachen Wert, d.h. $1{,}1 \cdot 10^{-4}$ sec beträgt. Berücksichtigt man diese Lebensdauer, so kann das Myon während seiner Existenz nicht nur 650 m, sondern eine Strecke von $S = 0{,}9998 \times 3 \cdot 10^{8}$ m/sec $\times\, 1{,}1 \cdot 10^{-4}$ sec $\approx$ 33000 m = 33 km zurücklegen. Die Lebensdauer des Teilchens ist also ausreichend, die Distanz von ca. 20 km zur Erdoberfläche zu überwinden.

All dies gilt aus der Sicht des Beobachters auf der Erdoberfläche, der das Myon mit einer Geschwindigkeit von 0,9998 c auf sich zukommen sieht. Versetzen wir uns nun in die Situation eines Beobachters, der auf dem Myon sitzt und die Reise des Teilchens auf die Erdoberfläche von hier aus miterlebt.

Stellen wir uns vor, die Strecke von 20 km zwischen der Erdoberfläche und dem Entstehungsort des Myons würde durch einen 20 km langen Stab ersetzt. Beobachtet der Mitreisende den Stab aus der Position des Myons, so stellt er fest, daß er daran mit einer Geschwindigkeit von 0,9998 c vorbeifliegt. Zugleich beobachtet er aufgrund seiner relativen Bewegung gegenüber dem Stab eine Längenkontraktion, die ihm den Stab um den Faktor $\sqrt{1 - b^2}$ kürzer erscheinen läßt. Der Stab weist also eine Länge von nurmehr 400 m auf. Die Zeit aber, die sein Fahrzeug braucht, um die Erdoberfläche zu erreichen, beträgt aus seiner Sicht 400 m/0,9998 x $3 \cdot 10^{8}$ m/sec $\approx 1{,}33 \cdot 10^{-6}$ sec. Sie liegt damit innerhalb der Lebensdauer des Myons von $2{,}2 \cdot 10^{-6}$ sec und reicht mithin für die Überwindung der Strecke zur Erdoberfläche aus. Das Beispiel zeigt, daß Zeitdilatation und Längenkontraktion keine reinen Gedankenspiele, sondern Gegebenheiten der praktischen Wirklichkeit sind.

4.7.2.2 „Verjüngungsreisen“ und das Zwillingsparadoxon

Zur Veranschaulichung der im voranstehenden Abschnitt besprochenen Zeitdilatation wählte Einstein selbst im Jahre 1911 das folgende Beispiel:

> „Wenn wir einen lebenden Organismus in einen Kasten setzen ..., ließe es sich einrichten, daß der Organismus nach irgend einem langen Flug in kaum verändertem Zustand an seinen Ausgangspunkt zurückkehrt, während entsprechende Organismen, die an ihren ursprünglichen Orten verblieben waren, schon lange neuen Generationen gewichen sind. Denn für den bewegten Organismus war die lange Reisezeit nur ein kurzer Augenblick, vorausgesetzt, die Bewegung fand mit annähernd Lichtgeschwindigkeit statt.“

Einsteins Gedankenspiel löste seinerzeit eine intensive Diskussion aus, deren Ergebnis als das sog. Zwillingsparadoxon in die Geschichte der Relativitätstheorie einging. Darin sind die in Einsteins Beispiel betrachteten Organismen durch ein Zwillingspaar ersetzt. Der eine der Zwillinge lebt wie jeder gewöhnliche Sterbliche auf der Erde, der andere unternimmt eine Reise mit einer der Lichtgeschwindigkeit nahekommenden Geschwindigkeit. Das Paradoxon besteht darin, daß der Reisende gleichsam eine „Verjüngungskur“ erfährt, da er bei seiner Rückkehr auf die Erde weniger gealtert ist als sein Zwillingsbruder. Der Grad seines geringeren Alterns läßt sich exakt berechnen, wenn man die Reisegeschwindigkeit und die nach der Uhr des Zurückgebliebenen verflossene Zeit kennt. Bei einer Geschwindigkeit von $v = 0{,}8\,c$ und einer Reisedauer von 20 Jahren (nach irdischer Zeitmessung) betrüge die Zeitdifferenz

$$20 - 20 \times \sqrt{1-(v/c)^2} = 20 - 20 \times \sqrt{1-0{,}8^2} = 20 - 12 = 8 \text{ Jahre.}$$

Wären beide Zwillinge zu Beginn der Reise 20 Jahre alt, so wäre der zurückgebliebene Bruder bei der Rückkehr des Reisenden 40 Jahre, dieser selbst dagegen nur 32 Jahre alt geworden.

Die Diskussion der Fachleute aber entzündete sich an einem anderen Punkt. Man behauptete, daß jeder der beiden Zwillingsbrüder aufgrund ihrer relativen Geschwindigkeit den anderen sich mit ein und derselben Geschwindigkeit entfernen sehen würde, so daß jeder von ihnen behaupten könnte, jünger geblieben zu sein. Dabei handelt es sich doch offenbar um einen Denkfehler, der durch die folgende Überlegung beseitigt werden konnte. Um die Uhren der Zwillingsbrüder zu vergleichen, muß der reisende Bruder seine Fahrt antreten und wieder zur Erde zurückkehren. Sein Fahrzeug muß also zunächst beschleunigt und anschließend wieder abgebremst werden, um zum Stillstand zu kommen. Wäre nun jeder der Brüder mit einem Beschleunigungsmesser ausgerüstet, so würde derjenige des zurückgebliebenen Zwillingsbruders keinen Ausschlag zeigen, wohl aber derjenige des reisenden Zwillingsbruders. Auf diese Weise kann nachgewiesen werden, daß sich zwar der reisende, nicht aber der zurückgebliebene Zwillingsbruder mit einer der Lichtgeschwindigkeit angenäherten Geschwindigkeit bewegte und daher als einziger die errechnete „Verjüngungskur" erfährt.

Die Möglichkeit, daß künftige Generationen derartige Reisen unternehmen, bleibt mithin bestehen, und damit die Konsequenz, daß der reisende Großvater von einem derartigen Ausflug jünger zurückkehrt als sein auf der Erde verbliebenes Enkelkind.

4.7.3 Masse und Geschwindigkeit

Wir kommen nun zu einer weiteren Folgerung der speziellen Relativitätstheorie, die das Verhalten bewegter Massen betrifft. Bislang haben wir gesehen, daß die relative Bewegung die Längenkontraktion und die Zeitdilatation zur Folge hat und daß die Addition von Geschwindigkeiten keinen Wert ergeben kann, der den Wert der Lichtgeschwindigkeit überschreitet.

Kehren wir nun wiederum zum Beispiel des Rollbandes zurück, auf dem die Versuchsperson steht, während sich das Band mit einer relativen Geschwindigkeit v vor dem Beobachter B bewegt. Die Versuchsperson wiegt im Ruhezustand 75 kg. Hätte der Beobachter B die Möglichkeit, die Versuchsperson während der Bewegung des Rollbandes zu wiegen, so würde sich das Ergebnis seiner Bemühungen nach der folgenden Beziehung errechnen:

$$m = m_0 / \sqrt{1 - (v/c)^2}$$

Die Gleichung besagt folgendes: Hat die Masse eines Körpers im Ruhezustand den Wert m_0, so ist seine Masse oder genauer sein Trägheitsverhalten um den Faktor $1/\sqrt{1 - (v/c)^2}$ größer, wenn er sich in relativer Bewegung befindet. Im gegebenen Beispiel würde der Beobachter B also feststellen, daß die Versuchsperson auf dem Rollband stets mehr als 75 kg wiegt. Bei einer relativen Geschwindigkeit von 0,6 c betrüge das Gewicht 75 kg x 1,250 = 93,75 kg. Steigt die relative Geschwindigkeit auf 0,95 c, so würde die Versuchsperson bereits das stolze Gewicht von 75 kg x 3,205 = 240,37 kg aufweisen.

Wollte man versuchen, die relative Geschwindigkeit zur Lichtgeschwindigkeit zu steigern, so würde die Trägheit des betreffenden Objekts unendlich groß, so daß für seine Bewegung eine unendlich große Energie aufgewandt werden müßte. Auch hieraus folgt, daß die Lichtgeschwindigkeit eine Grenzgeschwindigkeit darstellt, die kein materieller Körper erreichen kann. Die Idee eines Raumschiffs etwa, das mit Lichtgeschwindigkeit reisen würde, scheidet nach der Relativitätstheorie von vorneherein aus.

Daß Erscheinungen wie der Gewichtszuwachs zwischen bewegtem und ruhendem Körper keine bloßen Gedankenspiele sind, ist in der Praxis inzwischen verschiedentlich nachgewiesen worden.

Die Ruhemasse des Elektrons beträgt $9{,}1 \cdot 10^{-31}$ kg. Es lag daher nahe, die Masse bewegter Elektronen zu messen und das Ergebnis zum Prüfstein der Voraussage der Relativitätstheorie zu machen. Mit Hilfe hoher Spannungen wurden also Elektronen beschleunigt und anschließend ihre Masse gemessen. Die nachstehende Tabelle zeigt, daß die nach der obigen Formel errechnete und die experimentell gemessene Masse des Elektrons einander verblüffend nahekommen.

Errechnete und experimentell gemessene Masse eines bewegten Elektrons (nach W. Kaufmann)

Geschwindigkeit (km/sec)	Errechnete Masse ($\times 10^{-31}$ kg)	Gemessene Masse ($\times 10^{-31}$ kg)
5929	9,1	9,11
18710	9,117	9,13
58430	9,277	9,29
164200	10,87	10,88
283500	27,82	27,59

Teilchenbeschleuniger der Kernforschung, welche die Massezunahme schnell bewegter Teilchen berücksichtigen, beweisen tagtäglich diese Folgerung der speziellen Relativitätstheorie.

4.7.4 Äquivalenz von Masse und Energie

Die bedeutsamste Folgerung der speziellen Relativitätstheorie ist jedoch die These der sog. Äquivalenz von Masse und Energie, die ihren Ausdruck in der berühmten und berüchtigten Formel

$$E = mc^2$$

findet. Die Formel besagt, daß die Energie der Masse und zugleich dem Quadrat der Lichtgeschwindigkeit proportional ist. Diese ungeheure Energiemenge wird jedoch nicht etwa durch die mechanische Zerkleinerung einer bestimmten Masse (z.B. eines Stücks Eisen) mit Hilfe einer Wundermaschine, sondern durch die Kernspaltung freigesetzt. Die Massensumme der einzelnen Bestandteile eines Atomkerns ist nämlich stets kleiner als die Masse des Atomkerns, der sich aus ihnen zusammensetzt. Das deutet daraufhin, daß sich die fehlende Masse in „Bindungsenergie“ verwandelte, welche die Kernbestandteile zusammenhält. Eben diese Energie wird bei der Kernspaltung freigesetzt.

Vor der Formulierung der speziellen Relativitätstheorie wurden die Erhaltung der Masse und die Erhaltung der Energie stets gesondert behandelt. Die Relativitätstheorie fügt beide Begriffe zu einem einheitlichen Ganzen zusammen, das besagt, daß die Erhaltung der Gesamtenergie der Erhaltung der Masse äquivalent ist. Aus der Invarianz der Energie folgt daher die Invarianz der Masse, d.h. Masse und Energie sind einander gleichwertig, sie bilden gleichsam eine einzige Invariante, die sog. Massenenergie. Energie ist also in Masse überführbar und umgekehrt. Jeder Körper mit einer Ruhemasse m_0 entspricht daher einer bestimmten, jedenfalls ungeheuren Menge von Energie, die als die innere Energie des Körpers betrachtet werden kann. Diese innere Energie hat entweder die Form potentieller atomarer Energie, die sich verändern kann, wenn ein Atom etwa Strahlung empfängt und dadurch angeregt wird oder in angeregtem Zustand Strahlung abgibt und in seinen ursprünglichen Zustand zurückkehrt, oder sie hat die Form potentieller Energie des Kerns, die sich in Kernreaktionen äußern kann.

Diese Überlegungen aus dem Bereich des Mikrokosmos lassen sich naturgemäß auch auf den Makrokosmos übertragen. Die Gesamtmasse der Sonne und eines der Planeten (z.B. der Erde) ist, als System betrachtet, stets größer als die Summe der Ruhemasse beider Himmelskörper. Auch hier existiert also ein „Massendefekt“. Er ist umso größer, je näher der Planet der Sonne steht, da das System eine umso größere kinetische Energie enthält. Der Massendefekt ist also ein Maß für die Entfernung zwischen Sonne und Planet. Auf den Mikrokosmos übertragen bedeutet dies, daß die Formel der Äquivalenz von Masse und Energie ein Mittel an die Hand gibt, das die Bestimmung der Energie erlaubt, die die Bestandteile eines Atomkerns zusammenhält.

Obgleich Einstein selbst aufgrund ganz anderer Überlegungen zu der genannten Formel gelangte, wollen wir versuchen, sie auf einem einfachen Wege anschaulich zu machen. Bewegt sich ein Teilchen der Ruhemasse m_0 mit der Geschwindigkeit v, so besitzt es, wie wir gesehen haben, eine nach der Beziehung $m = m_0/\sqrt{1-(v/c)^2}$ zu berechnende größere Masse bzw. Trägheit. Ersetzt man in dieser Gleichung das Verhältnis $(v/c)^2$ durch x, so ergibt sich folgende Umformung der Gleichung:

$$m = m_0 \frac{1}{\sqrt{1-x}}$$

Ist x sehr klein (d.h. v sehr klein im Verhältnis zu c), so gilt

$$\frac{1}{\sqrt{1-x}} = 1 + \frac{x}{2}$$

Die Formel kann daraufhin wie folgt umschrieben werden:

$$m = m_0 + \frac{1}{2} m_0 \left(\frac{v}{c}\right)^2 \text{ bzw. } mc^2 = m_0 c^2 + \frac{1}{2} m_0 v^2$$

Das letzte Glied der Formel aber entspricht der kinetischen Energie W_k eines bewegten Körpers, denn es gilt:

$$W_k = \frac{1}{2} m_0 v^2$$

Eben darin liegt das große Geheimnis. Da nur gleichartige physikalische Größen addiert werden können, lag es nahe, daß auch das Produkt der Masse und des Quadrats der Lichtgeschwindigkeit ($m_0 c^2$) als Energie aufzufassen ist, daß also Masse und Energie äquivalent sind. Einstein selbst wollte anfangs dieser Erkenntnis keinen Glauben schenken. So schreibt er in einem Brief an seinen Freund Habicht:

> „Eine Konsequenz der elektrodynamischen Arbeit ist mir noch in den Sinn gekommen. Das Relativitätsprinzip im Zusammenhang mit den Maxwellschen Grundgleichungen verlangt nämlich, daß die Masse direkt ein Maß für die im Körper enthaltene Energie ist, das Licht überträgt Masse. Eine merkliche Abnahme der Masse müßte beim Radium erfolgen. Die Überlegung ist lustig und bestechend; aber ob der Herrgott nicht darüber lacht und mich an der Nase herumgeführt hat, das kann ich nicht wissen."

Daß der Herrgott Einstein nicht an der Nase herumgeführt hat, wurde der Welt endgültig offenbar, als am 6. August 1945 die erste Atombombe über Hiroshima und drei Tage später die zweite über Nagasaki gezündet wurde.

Die Zauberformel $E = mc^2$ erlaubt überdies die Bestimmung der scheinbar unerschöpflichen Sonnenenergie. Seit Einstein wissen wir, daß die Sonne nichts anderes ist als ein Ofen, in dem Masse „verbrannt" wird, um Energie zu erzeugen, die unsere Erde in Gestalt von elektromagnetischen Wellen erreicht. Welche Massenmengen dabei „verbrannt" werden und welche Energiemengen die Erde auf diese Weise erhält, verdeutlichen die folgenden Zahlenbeispiele.

Die Erde empfängt von der Sonne eine Strahlung mit einer Leistungsdichte von ca. $1{,}34 \cdot 10^3$ W pro Quadratmeter (W/m^2). Da sich die Sonne in einer Entfernung von $r = 1{,}49 \cdot 10^{11}$ m von der Erde befindet, bedeutet das, daß die ausgestrahlte Energie den Gesamtwert von $1{,}34\ W/m^2 \times 4\pi r^2 = 1{,}34\ W/m^2 \times 4 \times 3{,}14 \times (1{,}49 \cdot 10^{11}\ m)^2 = 3{,}92 \cdot 10^{26}$ W aufweist. Das heißt, daß die Sonne eine Wärme von $3{,}92 \cdot 10^{26}$ Jule pro Sekunde an ihre Umgebung ausstrahlt. Dies entspricht einer Wärme von $1{,}23 \cdot 10^{34}$ Jule pro Jahr und das wiederum einer Masse von

$$m = E/c^2 = \frac{1{,}23 \cdot 10^{34}}{(3 \cdot 10^8)^2} \approx 1{,}3 \cdot 10^{17}\ \text{kg/Jahr}.$$

Da die Masse der Sonne ca. $2 \cdot 10^{30}$ kg beträgt, beläuft sich der Massenverlust auf etwa $6{,}9 \cdot 10^{-14}$ pro Jahr. Das bedeutet, daß mehr als 10 Milliarden Jahre vergehen müssen, ehe die Sonne die Hälfte ihrer Masse verloren hat.

Daraus folgt jedoch keineswegs, daß die Menschen unserer Erde noch mehr als 10 Milliarden Jahre auf die lebensspendende Sonnenenergie hoffen dürfen. Bereits nach fünf Milliarden Jahren, wenn bereits ein beträchtlicher Teil der Sonnenmasse in Energie verwandelt ist, beginnen auf der Sonne kompliziertere Kernprozesse, die bewirken, daß immer größere Massenmengen in immer kürzerer Zeit in Energie umgewandelt werden. Infolge dieser Prozesse wird die Temperatur auf der Erde auf etwa 540°C ansteigen, was das Ende zumindest der derzeitigen Zivilisation bedeutet. Ob spätere Generationen imstande sein werden, einen wirksamen Schutz gegen Temperaturen dieses Ausmaßes zu ersinnen, bleibt dahingestellt. Nachdem das Leben auf unserem Planeten voraussichtlich erloschen ist, beginnt die Sonne wieder zu schrumpfen und abzukühlen, während das ganze Sonnensystem mit überaus intensiven Gammastrahlen überschwemmt wird. Dieser Abkühlungs- und Schrumpfungsprozeß wird etwa 100 Milliarden Jahre dauern. Am Ende wird die Sonne ein schwarzer, kalter, ausgebrannter Stern mit einem winzigen Volumen und einer enormen Gravitation ähnlich der eines „schwarzen Lochs“ sein. Dafür wird an anderer Stelle des Universums eine neue Sonne entstehen und wahrscheinlich eine neue Zivilisation hervorbringen. Dank des Gesetzes von der Erhaltung der Energie und dank des wechselnden Zyklus von Energie und Masse, wie ihn Einsteins Zauberformel $E = mc^2$ beschreibt, wird dieser Prozeß des Werdens und Vergehens in alle Ewigkeit fortdauern.

4.7.5 Zusammenfassung

Gewiß wird derjenige, der der bisherigen Darstellung als unvorbereiteter Laie gefolgt ist, sich durch die zahlreichen physikalischen Begriffe und die beschriebenen Folgerungen der speziellen Relativitätstheorie eher verwirrt fühlen. Selbst ein nochmaliger Nachvollzug der aufgezeigten Entwicklung und die Heranziehung weiterführender Literatur vermittelt in vielen Fällen nur unvollkommene Klarheit über die Geheimnisse der Naturwissenschaft, wie sie durch die Einstein'sche Konzeption der speziellen Relativitätstheorie beschrieben werden. Es wird sich daher als nützlich erweisen, den bisherigen Gedankengang an dieser Stelle noch einmal in seinen wesentlichen Punkten zusammenzufassen.

Die Kernbegriffe der klassischen Physik, speziell der Newton'schen Mechanik („absoluter Raum", „absolute Bewegung", „absolute Zeit") und die Vorstellung des Äthers als des Mediums der Ausbreitung des Lichts wurden gegen Ende des 19. Jahrhunderts Gegenstand zunehmender Kritik. Neuere Erkenntnisse der Naturwissenschaften forderten ihre Ablösung durch angemessenere Begriffe. Zahlreiche Gelehrte der Zeit waren bemüht, die Physik aus der Sackgasse herauszuführen und die aufgetretenen Unstimmigkeiten in einer neuen Theorie aufzuheben. Ihre Arbeiten ebneten den Weg für die Formulierung der speziellen Relativitätstheorie. Diese lag gleichsam in der Luft und harrte des wissenschaftlichen Genius, der sie zu formulieren wußte. Er erstand in der Gestalt Albert Einsteins, der das Galileische Relativitätsprinzip mit dem Prinzip der unabhängig von der Bewegung der lichtemittierenden Quelle konstanten Lichtgeschwindigkeit verband. Die Folgerungen dieser Erkenntnis waren selbst für den Schöpfer der speziellen Relativitätstheorie überwältigend, denn es stellte sich bald heraus, daß diese Theorie ihre eigenen Grenzen sprengte. Sie führte vor allem zur Einsicht in die Äquivalenz von Masse und Energie, die durch die Formel $E = mc^2$ ausgedrückt wird, und gab den entscheidenden Anstoß für die Formulierung der allgemeinen Relativitätstheorie und das Bemühen um die Formulierung einer einheitlichen Feldtheorie.

Die Ergebnisse der speziellen Relativitätstheorie können folgendermaßen zusammengefaßt werden:

a) Die Lichtgeschwindigkeit von $c = 3 \cdot 10^8$ m/sec ist die größte in der Natur beobachtete Geschwindigkeit. Sie ist unabhängig von der Bewegung der lichtemittierenden Quelle konstant. Daraus folgt, daß die Addition von Geschwindigkeiten keinen Wert ergeben kann, der den Betrag der Lichtgeschwindigkeit überschreitet.
b) Zeit und Raum sind miteinander verbunden. Sie bilden den vierdimensionalen Raum, das sog. „Raum-Zeit-Kontinuum".
c) Längen unterliegen mit steigender Geschwindigkeit der Längenkontrak-

tion, wenn sie von einem Bezugssystem gemessen werden, das sich in relativer Bewegung zu dem Bezugssystem befindet, dem das zu messende Objekt angehört.

d) Die Masse oder genauer die Trägheit eines Körpers nimmt mit wachsender Geschwindigkeit zu.

e) Die Zeit ist keine absolute Größe. Sie verstreicht mit zunehmender Geschwindigkeit langsamer, wenn sie von einem Bezugssystem gemessen wird, das sich in relativer Bewegung zu dem Bezugssystem befindet, in dem das zu messende Ereignis stattfindet. Das Phänomen der Zeitdilatation, das bis auf den heutigen Tag unter den Relativisten heiß umstritten ist, ermöglicht eine „Lebensverlängerung", wenn sich der Organismus mit einer Geschwindigkeit bewegt, die der Lichtgeschwindigkeit nahekommt.

f) Masse und Energie sind äquivalent ($E = mc^2$). Den praktischen Beweis der These liefern Kernreaktoren und Atomwaffen.

Über die Gültigkeit der Aussagen der speziellen Relativitätstheorie läßt sich gegenwärtig soviel sagen, daß kein Bereich des bekannten Universums bekannt ist, in dem ihre Feststellung aufgehoben wäre. Sollte in künftigen Jahren ein solcher Bereich entdeckt werden, so wird die Theorie durch eine andere aufgehoben, die sie verfeinert und präzisiert, um ihre Allgemeingültigkeit wiederherzustellen.

Die nachstehende Tabelle 2 bietet zum Abschluß einen Überblick über die mit der Relativitätstheorie konkurrierenden physikalischen Theorien, unter denen sich die spezielle Relativitätstheorie bislang als Sieger erwiesen hat.

Tabelle 2: Vergleich zwischen der speziellen Relativitätstheorie und alternativen Theorien der Physik.

	Emissionstheorie	Klassische Äthertheorie	Spezielle Relativitätstheorie
Bezugssystem	Kein spezielles Bezugssystem	Der stationäre Äther ist ein spezielles Bezugssystem	Kein spezielles Bezugssystem
Geschwindigkeitsabhängigkeit	Die Lichtgeschwindigkeit hängt von der Bewegung der Quelle ab	Die Lichtgeschwindigkeit ist unabhängig von der Bewegung der Quelle	Die Lichtgeschwindigkeit ist unabhängig von der Bewegung
Raum-Zeit-Abhängigkeit	Raum und Zeit sind unabhängig	Raum und Zeit sind unabhängig	Raum und Zeit greifen ineinander über
Transformationsgleichungen	Relativ zueinander bewegte Inertialsysteme werden durch die Galilei-Transformation verbunden	Relativ zueinander bewegte Inertialsysteme werden durch die Galilei-Transformation verbunden	Relativ zueinander bewegte Inertialsysteme werden durch die Lorentz-Transformation verbunden

5 Einstein als Hochschulprofessor: Der Weltruhm beginnt

Obgleich seine wissenschaftlichen Arbeiten weltweit Anerkennung finden, bleibt Einstein bis zum Jahre 1909 Patentbeamter in Bern. In der Zwischenzeit wurde insbesondere an der Zürcher Universität die Forderung erhoben, Einstein für eine Lehrtätigkeit zu gewinnen. Die Anregung ging vor allem von dem dortigen Physiker Kleiner aus. Erneut standen jedoch die Bestimmungen über eine reguläre akademische Laufbahn im Wege, welche dem Aspiranten für einen Lehrstuhl die Habilitation und eine Tätigkeit als Privatdozent vorschrieben. Kleiner riet Einstein daher, an der Berner Universität zu habilitieren, damit er sich anschließend um einen Lehrstuhl in Zürich bewerben konnte. Im Jahre 1907 reichte Einstein die zwei Jahre zuvor veröffentlichte Arbeit über die spezielle Relativitätstheorie als Habilitationsarbeit ein. Sie wurde mit einer Bemerkung des Professors Aimé Forster zurückgewiesen: „Was Sie da geschrieben haben, verstehe ich überhaupt nicht." Gleichwohl erhielt Einstein die Stelle eines Privatdozenten. Da ihm die Verpflichtung zu regelmäßigen Vorlesungen jedoch lästig war, erschien er oft mangelhaft vorbereitet, und da Vorlesungen dieser Art nicht zu den Pflichtstunden der Studenten zählten, blieb sein Erfolg als Universitätsdozent bescheiden.

Professor Kleiner, der in Bern einigen Vorlesungen seines Schützlings beiwohnte, gab ihm zu verstehen, daß seine Vorlesungen für die Studenten kaum geeignet waren. Einstein erwiderte: „Ich verlange ja auch gar nicht, daß man mich als Universitätsprofessor nach Zürich beruft." Daß er gleichwohl wenig später eine außerordentliche Professur für theoretische Physik in Zürich erhielt, verdankte er seinem Freund Friedrich Adler, der als Dozent in Zürich tätig war und die Stelle unter politischen Gesichtspunkten besetzen sollte. Adler war der Sohn des Führers der österreichischen Sozialdemokraten und hatte die Unterstützung der gleichfalls von Sozialisten beherrschten Unterrichtsverwaltung des Kantons Zürich. Er war jedoch der Meinung, in Einstein den geeigneten Kandidaten gefunden zu haben, und setzte sich über die politischen Wünsche seiner Parteifreunde hinweg. So kehrte Einstein im Jahre 1909 mit seiner Frau Mileva und seinem Sohn Hans Albert nach Zürich zurück. Leider war sein neues Gehalt nicht höher als das des Patentbeamten in Bern, wo er zuletzt ein Jahressalär von 3500 Franken bezog. Andererseits verlangte die neue Stellung erhebliche Repräsentationskosten, so daß sich die Familie gezwungen sah, Studenten in Pension aufzunehmen, um die Haushaltskasse auf diese Weise aufzubessern.

Einstein fühlte sich in seiner „alten Heimat" zunächst durchaus wohl, während sich seine Frau nur schwer an die veränderte Umgebung gewöhnen konnte. Bald ergaben sich jedoch Spannungen an der Universität, da Einstein, durch seinen Erfolg selbstsicherer geworden, mit seinen Kollegen eine offene Sprache führte. Sicherlich liegt die Schuld für diese Mißhelligkeiten zum großen Teil bei Einstein selbst, der mit dreißig Jahren auf ein beachtliches wissenschaftliches Werk blicken konnte, ohne daß sein Ruf ihm jedoch bereits den entsprechenden Respekt der breiteren Professorenschaft eingetragen hätte.

Bild 21: Zürich im Jahre 1910 (Universitätsgebäude). (Foto: Deutsches Museum)

In Zürich blieb Einstein nicht länger als zwei Jahre, da sich die Prager Universität intensiv bemühte, den genialen Physiker für sich zu gewinnen. Im März 1911 geht Einstein mit seiner Familie und seinem Assistenten Hopf, einem Mathematiker aus Bayern, an die Karlsuniversität. Sehr rasch verstand er jedoch, daß ihm das Klima an der ältesten Universität Osteuropas nicht zusagen würde. Die Prager Universität war bereits in eine deutsche und eine tschechische Hochschule gespalten. Die Professoren beider Universitäten ignorierten sich gegenseitig, und selbst innerhalb der deutschen Universität waren die Professoren untereinander uneins. Wenige Tage nach seiner Ankunft in Prag schrieb Einstein an einen Freund in der Schweiz:

„Auch das Leben hier ist nicht so angenehm wie in der Schweiz, ganz abgesehen davon, daß wir hier fremd sind. Es gibt hier kein Wasser, das man anders als gekocht trinken darf. Die Bevölkerung kann zum größten Teil nicht deutsch und benimmt sich gegen Deutsche feindlich. Auch sind die Studenten weniger intelligent und strebsam als in der Schweiz."

Diese Umstände und die Unfähigkeit seiner Frau, sich in die neue Umgebung zu finden, hinderten Einstein daran, in Prag heimisch zu werden. Er selbst trug das Seine dazu bei, da seine äußere Erscheinung der ängstlich bewahrten Würde eines deutschen Professors nur entfernt entsprach. Auch stand sein Ruf als eines außergewöhnlichen Genies seiner Anpassung im Wege. Im Kollegenkreis fand Einstein daher allein zu dem zwanzig Jahre älteren Mathematiker Georg Pick engeren Kontakt, der ein guter Violinspieler und wie Einstein jüdischer Abstammung war. Durch ihn wurde Einstein bald mit anderen Musikfreunden bekannt, so daß er auch in Prag dem gemeinsamen Musizieren, das er über alles liebte, nachgehen konnte. Pick war in früheren Jahren Assistent von Ernst Mach gewesen und konnte Einstein daher wertvolle Aufschlüsse über das wissenschaftliche Werk seines Vorgängers geben. Mit bitterer Trauer gedachte Einstein in späteren Jahren seines Freundes, der als Achtzigjähriger aufgrund seiner jüdischen Abstammung im Konzentrationslager Theresienstadt ermordet wurde. Die Spannungen zwischen Einstein und den übrigen Professoren lassen die Worte seines Nachfolgers und Biographen Philipp Frank erkennen:

„Als ich nach Prag kam und mich dem Dekan, einem leidenschaftlichen deutschen Nationalisten vorstellte, sagte er zu mir: ‚Ach, Sie sind der neue Professor der theoretischen Physik. In Ihrem Fach verlangen wir nur eines von Ihnen: ein halbwegs normaler Mensch zu sein.' Ich antwortete erstaunt: ‚Ist das denn bei einem theoretischen Physiker so selten?' Darauf sagte er: ‚Sie werden mir doch nicht einreden wollen, daß Ihr Vorgänger ein ‚normaler Mensch' war.' "

Bei allen Vorbehalten gegen Einstein seitens der deutschen Kollegen spielte sicherlich seine jüdische Abstammung, die er keineswegs verleugnete, und die damalige Situation des Prager Judentums eine wichtige Rolle. Die deutschsprachigen Einwohner der Stadt stellten etwa 5% der Einwohnerzahl dar. Von diesen 5% war etwa die Hälfte jüdischer Abstammung. Den Tschechen galten die deutschsprachigen Mitbürger unabhängig von ihrer Abstammung unterschiedslos als Deutsche. Die Sudetendeutschen dagegen betrachteten die Deutschen jüdischer Abstammung zwar als willkommene Verbündete gegenüber den Tschechen, waren jedoch nicht bereit, sie als gleichberechtigt anzuerkennen. Die jüdische Gruppe ihrerseits, zu der u.a. der bekannte Schriftsteller Franz Kafka gehörte, war stets bemüht, ein eigenes geistiges Leben zu führen. Die jüdische Bevölkerung trug den Namen der „Zionisten", der jedoch vorab die jüdische Eigenständigkeit in Kunst, Literatur und Philosophie ohne die später hinzukommende politische Programmatik bezeichnete.

Bild 22: Der junge, inzwischen berühmt gewordene Wissenschaftler Albert Einstein im Jahre 1912.

Einstein kam mit den jüdischen Kreisen der Stadt in Kontakt und lernte unter anderem den Philosophen Hugo Bergmann kennen. Bergmanns Bemühungen, Einstein für die zionistische Weltanschauung zu gewinnen, blieben anfangs ohne Erfolg. Erst als der Zionismus eine politische Weltbewegung wurde, fanden beide Männer öfter zusammen. In Prag lernte Einstein auch den Schriftsteller Max Brod kennen. Es wird berichtet, daß Einstein einen solchen Eindruck auf Brod hinterließ, daß dieser ihn zum Vorbild für die Gestalt Keplers in seinem Buch „Tycho Brahes Weg zu Gott" nahm.

Trotz dieser Kontakte ruhte Einsteins wissenschaftliche Arbeit nicht, obwohl er klagte: „Fast alles, was mir einfällt, muß ich wieder verwerfen ..." Dies gilt vorab für die Vorarbeiten zur Konzeption der allgemeinen Relativitätstheorie. Seine erste Publikation zu diesem Thema erschien im

Jahre 1911 unter dem Titel „Über den Einfluß der Schwerkraft auf die Ausbreitung des Lichts" in den „Annalen der Physik".

Von Prag aus vermochte Einstein überdies die Pflege seiner wissenschaftlichen Kontakte zu verstärken. So nahm er die Einladung zu einem Kongreß in Brüssel an, der von Ernst Solvay einberufen wurde und Einstein Gelegenheit gab, die berühmtesten Physiker der Zeit — Poincaré, Rutherford, Langevin, Madame Curie usw. — persönlich kennenzulernen.

Bild 23: Max Planck (1858—1947). (Foto: Deutsches Museum)

Auf dem Kongreß in Brüssel wurden auch die Kontakte geknüpft, die Einsteins Rückkehr in die Schweiz vorbereiteten. Schon ein Jahr später ist er als außerordentlicher Professor am Zürcher Polytechnikum, das er wenige Jahre zuvor als Student besucht hatte. Hier setzte er vor allem seine Studien zur allgemeinen Relativitätstheorie fort. Da er bei der mathematischen Formulierung der Theorie auf unüberwindliche Schwierigkeiten stieß, wandte er sich um Hilfe an seinen ehemaligen Studienkollegen und Freund Marcel Großmann, der inzwischen Professor der Mathematik am Zürcher Polytechnikum geworden war: „Großmann, Du mußt mir helfen, sonst werde ich verrückt!" Die Reaktion des Freundes ließ nicht lange auf sich warten. Einstein berichtet:

„Er fing sofort Feuer, durchmusterte die Literatur und entdeckte bald, daß das angedeutete mathematische Problem insbesondere durch Riemann, Ricci und Levi-Civita bereits gelöst war. Diese ganze Entwicklung schloß sich an die Gaußsche Theorie der Flächenkrümmung an, in der zum ersten Mal von verallgemeinerten Koordinaten systematisch Gebrauch gemacht war."

Es hatte also den Anschein, als ob Einstein sein Ziel erreicht hätte, doch sollte es zwei weitere Jahre dauern, bis er seine Arbeit im Jahre 1915 der Öffentlichkeit übergab.

Auch in Zürich sollte Einstein nicht lange bleiben, da in Berlin Pläne reiften, ihn an die Preußische Akademie der Wissenschaften zu berufen. Nachdem die Pläne positiv entschieden waren, begaben sich im Sommer 1913 Max Planck und Walter Nernst nach Zürich, um Einstein das Anliegen der Akademie zu unterbreiten und ihn zur Annahme des Angebots zu bewegen. Beide waren Mitglieder der Akademie und Professoren der Berliner Universität, beide hatten entscheidend zur stürmischen Entwicklung der Naturwissenschaften um die Jahrhundertwende beigetragen und beide waren von ihrer Mission überzeugt, da sie sich von Einsteins Arbeit in Berlin die besten Auswirkungen auf die Akademie, die Universität und das wissenschaftliche Leben in Deutschland überhaupt versprachen. Max Planck gehörte zu den wenigen Physikern der Zeit, die Einsteins Arbeiten richtig einzuschätzen wußten. Außerdem war in Berlin bekannt, daß sich andere Hochschulen des Auslands um den Schweizer Wissenschaftler bemühten, denen es zuvorzukommen galt.

In Zürich angekommen, trugen die beiden Gelehrten Einstein das Anliegen der Berliner Akademie vor. Zu ihrer Überraschung erbat sich Einstein Bedenkzeit. Um die Angelegenheit in Ruhe zu überdenken, schlug er den Besuchern vor, die Zeit zu einem Ausflug in die Schweizer Alpen zu nutzen. Als sie von dort zurückkehrten, konnten sie Einsteins Einwilligung entgegennehmen. Am 24.7.1913 entschied die Preußische Akademie der Wissenschaften über Einsteins Wahl zum ordentlichen Mitglied.

Planck, Nernst und andere Kollegen waren der Auffassung, daß Einstein neben seiner Tätigkeit als ordentliches Mitglied der Akademie das Amt des Leiters des Physik-Instituts der Kaiser-Wilhelm-Gesellschaft ausüben sollte, das eigens für ihn gegründet werden sollte. Der Plan schlug jedoch fehl, da das preußische Finanzministerium im Jahre 1914 nicht bereit war, die entsprechenden Geldmittel zu bewilligen. Erst 1917 wurde ein derartiges Institut in kleinerem Rahmen geschaffen, und seither bekleidete Einstein beide Ämter. Seine Stellung als ordentliches Akademiemitglied bot ihm die erforderliche finanzielle Sicherheit, die es ihm ermöglichte, ungestört seinen wissenschaftlichen Arbeiten nachzugehen. Für den weltberühmten Physiker aus Zürich wurde das Höchstgehalt eines ordentlichen Universitätsprofessors festgesetzt.

Im April 1914 begab sich Einstein nach Berlin. Die Übersiedlung bedeutete zugleich das Ende seiner Ehe mit Mileva, die mit den beiden Söhnen in Zürich verblieb.

6 Die allgemeine Relativitätstheorie

Der Grundgedanke der bisherigen Überlegungen, die zur Konzeption der speziellen Relativitätstheorie führten, war das Relativitätsprinzip. Man betrachtete dabei zwei Bezugssysteme, die sich untereinander in gleichförmiger relativer Bewegung befinden und versuchte, Ereignisse aus dem einen der beiden Bezugssysteme in das andere zu übertragen. Dabei wurde unabhängig von der relativen Bewegung des lichtemittierenden Körpers an der konstanten Lichtgeschwindigkeit festgehalten. In der speziellen Relativitätstheorie hat man es also allein mit gleichförmigen Bewegungen zu tun. Auf die beteiligten Bezugssysteme wirkt keine Kraft, die sie beschleunigt, d.h. eine stetig zunehmende relative Geschwindigkeit erzeugt.

In unserem Beispiel der auf einem Rollband stehenden Versuchsperson, die von einem Beobachter B betrachtet wird, könnte man mit Recht sagen, daß sich sowohl das Rollband relativ zum Beobachter als auch der Beobachter relativ zum Rollband bewegt. Im ersten Falle dient der Beobachter B, im zweiten das Rollband als Bezugspunkt. Es erscheint also gleichgültig, welches der in relativer Bewegung befindlichen Systeme man als Bezugspunkt wählt. Man kann für die Beschreibung von Naturgesetzen ein beliebiges der zur Verfügung stehenden Bezugssysteme wählen, um die erschlossenen Gesetze oder Ereignisse mit Hilfe der Lorentz-Transformationen in das jeweils andere Bezugssystem zu übertragen. Die Folgerungen einer solchen Übertragung haben wir im Voranstehenden kennengelernt.

Die Voraussetzung gleichförmiger Bewegungen aber bedeutet, daß die spezielle Relativitätstheorie, die nach Einsteins eigener Aussage nichts anderes als eine Fortentwicklung der Elektrodynamik von Maxwell und Lorentz darstellt, nur denjenigen Teil des Kosmos zu beschreiben vermag, in dem keinerlei Beschleunigungen auftreten. Von einer globalen Theorie kann also keine Rede sein.

Welche Widersprüche der Newton'schen Mechanik zur Konzeption der speziellen Relativitätstheorie führten, haben wir bereits besprochen. Die spezielle Relativitätstheorie löst jedoch keineswegs alle Unstimmigkeiten der klassischen Physik.

Einsteins Zweifel setzten an der Scheidung der „Gravitation“ und der „Trägheit“, d.h. der „schweren“ und der „trägen“ Massen durch die Newton'sche Mechanik ein. Jedes Schulbuch beschreibt das Newton'sche Trägheitsgesetz folgendermaßen: Solange auf einen Gegenstand keine äußere Kraft einwirkt, bleibt er in seiner ursprünglichen Ruhestellung bzw. behält er seine geradlinige Bewegung bei. Die Trägheit der Körper ist die Ursache, aus der sie unter der Einwirkung einer äußeren Kraft ihren ursprünglichen Bewegungs- oder Ruhezustand ändern. Das spüren wir z.B. wenn wir in einem Auto sitzen, dessen Geschwindigkeit oder dessen Richtung eine Änderung erfährt. Die Trägheit ist auch der Grund dafür, daß etwa ein schwer beladener Lastwagen eine steile Strecke schwerer überwindet als ein leicht beladener. Das bedeutet, daß der schwer beladene Lastwagen zur Überwindung der gleichen Strecke mehr Energie, d.h. Kraftstoff, verbraucht als der leichter beladene. Newtons Trägheitsgesetz machte daher die Beschleunigung von der Masse abhängig. Die entsprechende Formel lautet

$$E = m \cdot g$$

Darin bezeichnet E die aufzuwendende Energie, m die Masse des Gegenstandes und g die Beschleunigung. Wollen wir etwa den zuvor genannten Lastwagen die gleiche Beschleunigung g verleihen, so müssen wir für den stark beladenen Lastwagen mehr Energie E aufwenden als für den leichter beladenen. Anders ausgedrückt: wird für beide Lastwagen die gleiche Energie aufgewendet, so wird der schwerere Lastwagen weniger beschleunigt als der leichtere.

Erfahrungen dieser Art machen wir im täglichen Leben auf Schritt und Tritt, so daß uns die Festlegungen der Newton'schen Mechanik als durchaus plausibel erscheinen. Dennoch gibt es Fälle, in denen sie außer Kraft gesetzt scheinen. Beispiele solcher Fälle enthält jedes Schulbuch der Physik, ohne jedoch die Newton'sche Mechanik in Zweifel zu ziehen. Bekanntlich fand bereits Galilei, daß die Gegenstände im luftleeren Raum unabhängig von ihrer Masse mit gleicher Geschwindigkeit zu Boden fallen. Jeder Physiklehrer führt seinen Schülern diese Erkenntnis mit Hilfe einer luftleeren Glasglocke vor Augen, in der ein Stück Papier mit der gleichen Geschwindigkeit wie eine Bleikugel zu Boden fällt. Das Experiment scheint die Ungültigkeit des Newton'schen Trägheitsgesetzes unter den genannten Bedingungen zu erweisen. Gewiß könnte man dem Dilemma zu entgehen suchen, indem man die Gültigkeit des Trägheitsgesetzes allein für horizontale Bewegungen (wie im Falle der Lastwagen) postuliert, doch würde man damit eine grobe Verletzung der Naturgesetze einräumen, die bekanntllch keine Ausnahmen zulassen. Die Erscheinung erfordert mithin eine andere Erklärung. Newtons Deutung lautete dahin, daß die Anziehung, die ein Körper auf einen Gegenstand ausübt, d.h. die Beschleunigung, die er diesem Körper verleiht, mit der Masse des anzuziehenden Körpers zunimmt. Je größer die Masse des Gegenstandes ist, desto stärker wäre demnach die Wirkung der Beschleunigung. Ist der Gegenstand klein, so ist auch seine

Trägheit, d.h. der Widerstand, den er der Beschleunigung entgegensetzt, gering. Entsprechend gering ist die Kraft, die die Gravitation auf diesen Gegenstand ausübt. Ist der Gegenstand groß, so nimmt auch seine Trägheit und damit die Kraft zu, welche die Gravitation auf den Gegenstand ausübt. Aus diesem Grunde fallen alle Körper, auf die keine weitere Kraft einwirkt, unabhängig von ihrer Masse mit gleicher Geschwindigkeit zu Boden.

Diese Erklärung wurde mehr als zwei Jahrhunderte stillschweigend hingenommen, doch niemals richtig verstanden. Die anschließende Physik folgte Newtons Gesetzen, die auch der Himmelsmechanik zugrundezuliegen schienen. Erst Einsteins Konzeption der allgemeinen Relativitätstheorie schuf die Voraussetzung einer grundsätzlichen Neufassung der Theorie der Gravitation, die die vorangegangenen Anschauungen überwand. Seine allgemeine Relativitätstheorie ist keine Korrektur der Newton'schen Mechanik, sondern eine grundlegende Umgestaltung der bisherigen naturwissenschaftlichen Anschauungen. Das gesamte Gebäude der traditionellen Physik, das Newton auf den Begriffen der „Kraft", der „Beschleunigung" und das „absoluten Raumes" errichtet hatte, mußte neu konzipiert und auf gänzlich anderen Fundamenten wiederaufgebaut werden.

Einsteins Ausgangsüberlegungen veranschaulicht das folgende Gedankenexperiment. Angenommen, wir befinden uns, ohne es zu wissen, im Aufzug eines Wolkenkratzers, der aufgrund eines Defekts beginnt, von Stockwerk zu Stockwerk in die Tiefe zu fallen, und zwar mit einer konstanten Geschwindigkeit, die der Erdbeschleunigung entspricht. Lassen wir nun in dieser Lage etwa ein Stück Papier und einen Bleistift fallen, so stellen wir fest, daß beide Gegenstände nicht auf den Boden des Aufzugs fallen, sondern dort schweben, wo wir sie aus der Hand gelassen haben. Geben wir den Gegenständen einen Stoß, so führen sie eine geradlinige Bewegung in Richtung dieses Stoßes aus.

Wüßten wir nicht, daß wir uns in einem Aufzug befinden, so würden wir geneigt sein, uns dieses auffällige Verhalten der Gegenstände dadurch zu erklären, daß wir uns in einem schwerelosen Raum aufhalten, in dem keinerlei Anziehung durch Gravitation existiert. Wir können diese Theorie sogleich bekräftigen, indem wir versuchen, mit einem Stoß gegen den „Boden" des Aufzugs nach „oben" zu springen. Wir stellen fest, daß wir uns je nach der Stärke des Absprungs auf das „Dach" des Aufzugs zubewegen oder in der Kabine schweben.

Nehmen wir zum anderen an, unser Aufzug befände sich wirklich, ohne daß wir es wissen, im Weltraum weitab von irgendwelchen Himmelskörpern und entspräche mithin tatsächlich einem Inertialsystem. Nehmen wir weiterhin an, der Aufzug würde durch irgendeine Kraft in einer bestimmten Richtung in Bewegung gesetzt. Versuchen wir nun, die zuvor beschriebenen Experimente zu wiederholen, so stellen wir fest, daß die losgelassenen Gegenstände tatsächlich zu Boden fallen, als ob wir uns auf der Erde befänden. Dabei würde der „Boden“ des Aufzugs von der Richtung abhängen, in der er bewegt wird: er würde sich auf der der Bewegungsrichtung entgegengesetzten Kabinenwand befinden. Würden wir den losgelassenen Gegenständen einen Stoß in vertikaler Richtung zur Bewegungsrichtung des Aufzugs versetzen, so würden sie keine geradlinige Bewegung wie im vorangehenden Experiment ausführen, sondern in einer gekrümmten Bahn zu Boden fallen. Suchten wir nun die Ergebnisse dieser Experimente zu deuten, so würden wir zu dem Schluß kommen, daß wir uns auf der Erdoberfläche unter dem Einfluß der Gravitation der Erde befänden.

Dieses einfache und dennoch geniale Gedankenexperiment lieferte den Schlüssel für ein tieferes Verständnis der Trägheit und der Gravitation und veranlaßte Einstein zur Formulierung des Prinzips der Äquivalenz träger und schwerer Massen, d.h. zur Verschmelzung der Begriffe der „Trägheit“ und der „Gravitation“.

Diese auf den ersten Blick wenig verfängliche Formulierung zieht in Wahrheit weitreichende Konsequenzen nach sich. Die wichtigsten dieser Konsequenzen sind die Folgerungen der Raumkrümmung, der Ablenkung des Lichts durch die Gravitation, der Verlangsamung der Zeit durch die Gravitation, der Existenz von Gravitationsfeldern usw. Alle diese Folgerungen überstiegen die an den Begriffen der klassischen Physik geschulte Vorstellungskraft. Dennoch wurde die bahnbrechende Bedeutung der Einstein'schen Theorie von zahlreichen der zeitgenössischen Physiker erkannt und gewürdigt, wie es die folgenden Äußerungen belegen:

„Die Aufstellung der allgemeinen Relativitätstheorie erschien mir damals und erscheint mir auch heute noch als die größte Leistung menschlichen Denkens über die Natur, die erstaunlichste Vereinigung von philosophischer Tiefe, physikalischer Intuition und mathematischer Kunst. Aber sie hatte damals wenig Zusammenhang mit empirischen Tatsachen. Sie zog mich an wie ein Kunstwerk, an dem man sich ergötzt und das man bewundert — aus gehöriger Entfernung.“ (Max Born)

„Die erste Hälfte des 20. Jahrhunderts ist durch einen ungewöhnlichen Aufschwung der Physik gekennzeichnet, der eine der glänzendsten Epochen der Geschichte der Wissenschaft darstellt. In diesen Jahren hat die Wissenschaft neue Gebäude errichtet, die die kommenden Jahrhunderte überdauern werden: die Relativitätstheorie und die Quantentheorie. Die erstere ist ganz allein dem schöpferischen Gehirn Albert Einsteins entsprungen. Zur zweiten hat Planck die ersten Fundamente gelegt, dem Denken Einsteins aber verdankt sie einige ihrer bewundernswürdigsten Erweiterungen. Nur mit Staunen und Ehrfurcht kann man ein Werk betrachten, das zugleich so tiefgründig und so außerordentlich originell ist .“ (Louis de Broglie)

6.1 Die Raumkrümmung

Eine der wichtigsten und zugleich der schwerst vorstellbaren Folgerungen der allgemeinen Relativitätstheorie ist die der sog. „Raumkrümmung", welche die Himmelskörper aufgrund ihrer Schwere in ihrer Umgebung verursachen. Danach hat das vierdimensionale „Raum-Zeit-Kontinuum", das wir bereits im Rahmen der speziellen Relativitätstheorie kennengelernt haben, keine geradlinige Ausdehnung, ja es gibt überhaupt keine Gerade im traditionellen Sinne mehr. Die euklidische Geometrie* verliert ihre Allgemeingültigkeit, d.h. die Winkelsumme im Dreieck beträgt nicht mehr 180°. Auch eine kraftfreie Bewegung wird im gekrümmten Raum nicht durch eine Gerade, sondern durch eine geodätische Linie** dargestellt.

Bild 24: Euklid (um 300 vor Christi Geburt). (Foto: Deutsches Museum)

Zur Veranschaulichung betrachten wir das folgende Gedankenexperiment. Die Erde beschreibt — wenn wir die Newton'sche Mechanik zugrundelegen — aufgrund der Anziehungskraft der Sonne um diese eine elliptische Bahn. Die allgemeine Relativitätstheorie verzichtet auf den Begriff der Anziehungskraft und beschreibt den Umlauf der Erde als eine kraftfreie Bewegung auf einer „gekrümmten" Linie, die aufgrund der durch die Schwere der Sonne bedingten Raumkrümmung

* Die euklidische Geometrie ist die Geometrie des dreidimensionalen Raumes, der unter anderem der Satz zugrundeliegt, daß durch einen außerhalb einer Geraden liegenden Punkt zu dieser Geraden nur eine einzige Parallele gezogen werden kann (euklidisches Axiom).

** Auf einer gekrümmten Fläche gibt es keine geraden, sondern nur geradeste Linien. Sie stellen die kürzeste Verbindung zwischen zwei Punkten dar. Derartige Linien werden als „geodätische Linien" bezeichnet. Den geodätischen Linien des zweidimensionalen Raumes, die etwa eine gekrümmte Fläche beschreiben, entsprechen gleichartige Linien des vierdimensionalen Raumes.

entsteht. Der betreffende Planet tut also in einem solchen vierdimensionalen Raum nichts anderes, als sich auf der einmal eingeschlagenen Bahn zu bewegen.

Es ist festzuhalten, daß Einstein selbst lediglich eine Näherungslösung der zugehörigen Feldgleichungen fand. Die exakten Gleichungen wurden erst später von Schwarz-Schild formuliert.

Die Vorstellung des gekrümmten Raumes bereitet vielen Physikern bis auf den heutigen Tag Schwierigkeiten. Zur Veranschaulichung mag das folgende Modell dienen: Wir stellen uns ein Trampolin vor, auf das wir an verschiedenen Stellen Eisenkugeln unterschiedlichen Gewichts und damit unterschiedlicher Größe legen. Jede dieser Kugeln drückt das Trampolin an ihrer Auflagestelle nach unten und erzeugt eine Ausbuchtung, deren Größe von dem Gewicht der einzelnen Kugel abhängt. Je größer die Kugel ist, desto größer ist auch die Ausbuchtung. Die Kugeln versinnbildlichen die Himmelskörper, das Trampolin den Weltraum, wobei das Trampolin allerdings eine zweidimensionale Größe darstellt. Wir müssen uns hier mit diesem vereinfachten Bild behelfen, da eine Übertragung der Verhältnisse auf den drei- oder vierdimensionalen Raum der sinnlichen Anschauung unüberwindliche Schwierigkeiten bereitet.

6.2 Die Gravitation verlangsamt die Zeit

Eine weitere Konsequenz der allgemeinen Relativitätstheorie ist die Verlangsamung der Zeit durch die Gravitation. Stellt man z.B. eine Uhr auf einen Himmelskörper mit großer Gravitation, eine andere auf einen Himmelskörper mit geringerer Gravitation, so läuft die erstere Uhr langsamer als die zweite. Je größer also der Himmelskörper ist, desto langsamer verläuft auf ihm das Leben. Zu dieser Folgerung der allgemeinen Relativitätstheorie gelangt man im übrigen auch unter Berücksichtigung der speziellen Relativitätstheorie und der Quantentheorie.

Nach der speziellen Relativitätstheorie besitzt ein Lichtstrahl, wie wir wissen, eine Energie von $E = mc^2$. Die Quantentheorie dagegen sieht das Licht wie jede andere elektromagnetische Erscheinung als eine Strahlung von Photonen an, deren Energie gleich hf, d.h. gleich dem Produkt der Planck'schen Konstante (h) und der Frequenz (f) der betreffenden Schwingung ist. Stellen wir uns nun einen Lichtstrahl mit der Energie $E = mc^2 = hf$ vor, der aus einem „schwarzen Loch" zu entfliehen versucht. Es wird ihm dies nicht gelingen, da die Gravitation des schwarzen Loches so groß ist, daß der Lichtstrahl einfach „verschluckt" wird. In seinem Bemühen, das Gravitationsfeld zu überwinden, verwendet der Lichtstrahl jedoch Energie, die er seinem Energiereservoir $E = hf$ entnehmen muß. Da h eine Konstante ist, bedeutet das, daß die Energieabnahme auf Kosten der Frequenz f erfolgt, die im Falle eines „schwarzen Lochs“ auf Null zurückgehen muß. Die Frequenz aber ist ein Maß der Zeit, so daß eine Frequenzverminderung zwangsläufig eine Zeitverlangsamung impliziert.

Setzen wir jedoch unser Gedankenexperiment fort. Stellen wir uns vor, die Stelle des Lichtstrahls würde durch eine Atomuhr eingenommen, d.h. eine der präzisesten Uhren, die derzeit zur Verfügung stehen. Eine dieser Uhren stellen wir in ein „schwarzes Loch“, eine andere der gleichen Art plazieren wir in weiter Entfernung davon in einem Galileischen Inertialsystem. Versuchen wir beide Uhren zu vergleichen, so stellen wir fest, daß die erste Uhr stillsteht, während die zweite normal läuft. Für die erste Uhr bleibt die Zeit also stehen.

Treten wir nun aus dem Zentrum des „schwarzen Lochs“ an eine etwas entferntere Stelle, an der das Gravitationsfeld bereits ein wenig abgenommen hat, so verbraucht der Lichtstrahl, der dem „schwarzen Loch“ zu entfliehen sucht, weniger Energie als zuvor. Die Frequenz wird also nicht auf Null zurückgehen, wird jedoch erheblich niedriger liegen als die eines Lichtstrahls im Galileischen Inertialsystem. Entsprechend würde eine Atomuhr am Rande des schwarzen Lochs langsamer laufen als eine Atomuhr im Galileischen Intertialsystem. Auch dies bedeutet, daß die Gravitation die Zeit verlangsamt.

Eine Möglichkeit, das voranstehende Gedankenexperiment in die Praxis umzusetzen, ist einstweilen nicht gegeben. Noch ist die Menschheit nicht imstande, Atomuhren auf Himmelskörpern mit großem Gravitationsfeld zu installieren. Es bleibt daher nur die Möglichkeit, den Nachweis der Überlegung auf der Erde selbst zu versuchen (vgl. Abschnitt 6.5.2).

6.3 Die Lichtablenkung durch die Gravitation

Eine dritte Folgerung der allgemeinen Relativitätstheorie ist die Ablenkung des Lichts durch die Gravitation, die es sozusagen erlaubt, „um die Ecke zu sehen“. Ein Lichtstrahl, der sich in der Umgebung eines Himmelskörpers ausbreitet, erfährt eine Ablenkung, deren Größe von der Gravitation und damit von der Größe des betreffenden Himmelskörpers abhängig ist. Für die Sonne errechnete Einstein einen Wert der Ablenkung von

$$a = 1{,}7/\Delta$$

Darin bezeichnet a die Ablenkung in Bogensekunden und Δ den Abstand des Lichtstrahls vom Zentrum der Sonne in Sonnenradien (vgl. Bild 25). Infolge dieser Ablenkung kann etwa dem Beobachter des Bildes 25 ein Stern sichtbar werden, der ihm in gerader Linie durch die Sonne verdeckt ist.

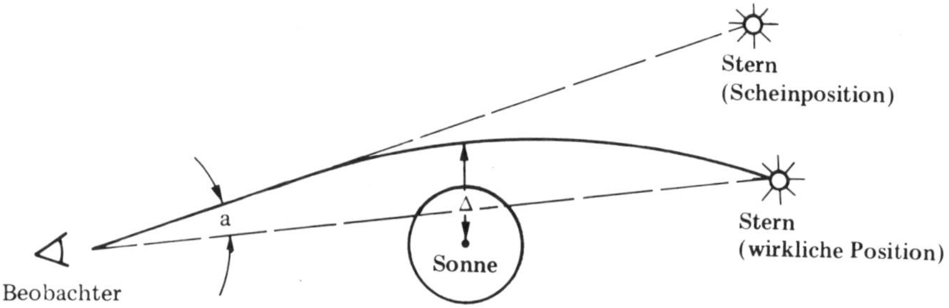

Bild 25: Gravitation krümmt den Raum und führt zur Ablenkung von Lichtstrahlen.

Eine Ablenkung des Lichtes sah bereits die Newton'sche Theorie der Gravitation vor. Sie betrachtete den Lichtstrahl als eine Art Kometen, der sich der Sonne mit Lichtgeschwindigkeit nähert. Dabei ist der Grad der Ablenkung von der Masse des Lichtstrahls unabhängig. Der wesentliche Unterschied gegenüber der Einstein'schen Theorie besteht jedoch darin, daß die nach Newtons Auffassung zu erwartende Ablenkung des Lichtstrahls nur etwa die Hälfte des von Einstein errechneten Werts ausmacht. Bemerkenswerterweise hat Einstein, der in Newtons Auffassung die Möglichkeit des experimentellen Nachweises seiner Theorie erblickte, diesen Unterschied in seiner ersten Publikation übersehen und die entsprechende Korrektur erst nachträglich vorgenommen.

6.4 Die Perihelbewegung des Merkurs

Zur Entstehungszeit der allgemeinen Relativitätstheorie war das einzig bekannte Phänomen, das zu ihrer Erhärtung herhalten konnte, die Perihelbewegung des Merkurs. Die Planeten beschreiben bekanntlich bei ihren Bewegungen um die Sonne elliptische Bahnen, deren Verlauf durch die Kepler'schen Gesetze beschrieben werden. Die Planeten werden jedoch nicht allein von der Sonne und die Monde nicht allein von ihren Planeten angezogen, sondern jeder Körper im Raum übt auf jeden anderen Körper nach der Newton'schen Lehre eine gewisse Anziehungskraft aus. Diese Anziehungskraft vernachlässigen die Kepler'schen Gesetze, da die Anziehung der Sonne wegen ihrer großen Masse die Anziehungskräfte aller übrigen Himmelskörper untereinander bei weitem überwiegt. In längeren Zeiträumen

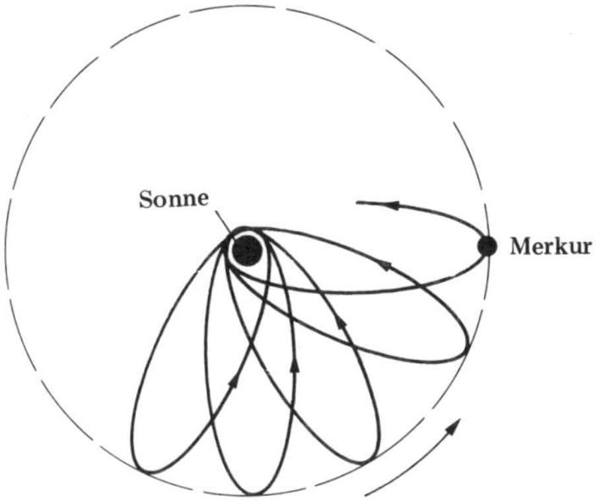

Bild 26: Die Perihelbewegung des Merkur erhärtet die allgemeine Relativitätstheorie.

müssen sich die Abweichungen von den Kepler'schen Gesetzen dagegen bemerkbar machen. Störungen dieser Art waren ebenfalls bereits zu Newtons Zeiten bekannt und konnten von den Astronomen auf große Zeiträume genau berechnet werden. Ein Phänomen jedoch entzog sich der Erklärung durch die zeitgenössische Physik. Es handelte sich um die Perihelbewegung des Merkurs, d.h. um eine sehr langsame Drehung des Perihels seiner Ellipse, wie sie Bild 26 zeigt. Diese Drehung betrug zwar in einem Zeitraum von 100 Jahren nur 43 Bogensekunden, doch genügte die Abweichung zur Beunruhigung der Astronomen, da Naturgesetze keine Ausnahmen dulden. Da die Newton'sche Mechanik an diesem Punkt offenbar versagte, suchte man verzweifelt nach der Ursache der Abweichung. Ihre Erklärung gelang erst der allgemeinen Relativitätstheorie, welche die Bewegung eines Planeten um die Sonne als eine geodätische Linie innerhalb des vierdimensionalen Raum-Zeit-Kontinuums erklärt.

Warum vermochte die Newton'sche Mechanik das Phänomen der Perihelbewegung des Merkurs nicht zu erklären? Wiederum steckt der Teufel im Detail. Bei seiner Erhellung erweist sich die allgemeine Relativitätstheorie als eine Verfeinerung der Newton'schen Mechanik, die es erlaubt, die natürlichen Phänomene auch in Sonderfällen zu erklären, in denen eine sehr starke Gravitationskraft wirkt.

Daß die Perihelbewegung allein im Falle des Merkur beobachtet wurde, hängt mit der Tatsache zusammen, daß dieser Planet der Sonne am nächsten steht und dadurch stärker als die anderen Planeten von ihrem Gravitationsfeld beeinflußt wird. Die Abweichungen zwischen der Newton'schen Mechanik und der allgemeinen Relativitätstheorie nehmen mit zunehmender Stärke der Gravitationsfelder zu. Die übrigen Planeten unseres Sonnensystems weisen nur sehr kleine Perihelbewegungen auf, so daß ihre Bahnen sowohl mit Hilfe der Newton'schen Gesetze als auch mit Hilfe der Relativitätstheorie angemessen erklärt werden können.

In der Zwischenzeit sind jedoch auch die Perihelbewegungen von Erde und Venus mit ziemlicher Genauigkeit festgestellt worden, was eine weitere Erhärtung der Relativitätstheorie bedeutet. Auch Messungen an künstlichen Satelliten bestätigen ihre Ergebnisse.

6.5 Experimentelle Bestätigungen

Da zu der Zeit, in der Einstein die allgemeine Relativitätstheorie formulierte, nur ein einziges Phänomen der Astronomie bekannt war, das zu ihrer Bestätigung dienen konnte, lag es nahe, Experimente zu ersinnen, mit deren Hilfe die neue Theorie auch experimentell erhärtet werden konnte. Einstein war am experimentellen Nachweis seiner Theorie nicht weniger interessiert als andere Gelehrte seiner Zeit. In einem Brief, den er im Dezember 1915, d.h. kurze Zeit nach der Mitteilung über die Ausarbeitung seiner Theorie, an den Ministerialdirektor Naumann im Preußischen Kulturministerium richtete, nannte er drei Phänomene aus dem Bereich der Astronomie, deren Beobachtung die experimentelle Erhärtung der allgemeinen Relativitätstheorie versprach:

> „1. Die Theorie ergibt, daß die Spektrallinien des Fixstern-Lichtes gegenüber den entsprechenden Spektrallinien irdischer Lichtquellen nach dem Rotende des Spektrums verschoben sein müssen, und zwar desto mehr, je größer die Masse des das Licht aussendenden Fixsterns ist ...
>
> 2. Die Theorie ergibt, daß die Bahnellipsen der Planeten ... sich langsam um die Sonne drehen (im Sinne der Bahnbewegung), statt im Raume zu stehen. Diese Konsequenz der Theorie hat sich am Planeten Merkur glänzend bestätigt.
>
> 3. Die Theorie ergibt das Resultat, daß ein neben einem Himmelskörper vorbeigehender Lichtstrahl durch diesen eine Ablenkung erfährt."

Da sich inzwischen auch das Ausland um die experimentelle Bestätigung der Einstein'schen Theorie bemühte, sahen es zahlreiche deutsche Gelehrte, unter ihnen Planck, Haber, Nernst, Struve usw., als ihre Ehrenpflicht an, Arbeiten dieser Art auch in Deutschland in unmittelbarer Verbindung mit dem Schöpfer der Theorie durchzuführen. Sie begründeten die sog. „Albert-Einstein-Spende", die das Ziel hatte, das zum Bau einer geeigneten Sternwarte geeignete Kapital zu beschaffen. In dem entsprechenden Aufruf hieß es:

„Die Forschungen Albert Einsteins zur allgemeinen Relativitätstheorie bedeuten einen Wendepunkt in der Entwicklung der Naturwissenschaften, vergleichbar nur mit solchen, die an Namen wie Kopernikus und Newton anknüpfen. Die experimentelle Prüfung ihrer beobachtbaren Folgerungen, die die Brauchbarkeit der neuen Theorie zu erweisen hat, muß mit dem weiteren Ausbau der Theorie Hand in Hand gehen. Nur die Astronomie scheint vorläufig dazu berufen, diese Arbeit in Angriff zu nehmen. Sie sieht sich daher vor eine Aufgabe von ungeheurer Tragweite gestellt.

Die Akademien Englands, Amerikas und Frankreichs haben, unter Ausschluß Deutschlands, vor kurzem eine Kommission eingesetzt zur energischen Durchführung der experimentellen Grundlegung der allgemeinen Relativitätstheorie. Es ist Ehrenpflicht derer, denen an der Kulturstellung Deutschlands gelegen ist, nach Maßgabe ihres Könnens die Mittel aufzubringen, um wenigstens e i n e r deutschen Sternwarte die Prüfung der Theorie in unmittelbarer Zusammenarbeit mit ihrem Schöpfer möglich zu machen. Diese Mittel sollen dem astro-physikalischen Observatorium in Potsdam, das sich in den Dienst der Sache stellt, diejenigen Beobachtungsmittel verschaffen, die es braucht, um erfolgreich an diesem Problem mitzuarbeiten.

Erforderlich sind etwa Mark 500.000,–.

Das preußische Kultusministerium hat dem Unternehmen seine Unterstützung in Aussicht gestellt, soweit es dazu mit den ihm etwa von der Landesversammlung bewilligten Mitteln imstande ist.

Beiträge erbitten wir an das Bankhaus Mendelsohn & Co., Berlin W 56, Jägerstraße 49—50. Konto: Albert-Einstein-Spende."

Der Aufruf blieb nicht ohne Wirkung auf die Öffentlichkeit und so konnte im Jahre 1922 auf dem Gelände des astro-physikalischen Observatoriums auf dem Potsdamer Telegraphenberg der „Einstein-Turm" errichtet und bis zum Jahre 1924 mit den nötigen Beobachtungsinstrumenten ausgestattet werden. Bald stellte sich jedoch heraus, daß das angestrebte Ziel aufgrund von Beobachtungsschwierigkeiten nicht erreicht werden konnte. Der „Einstein-Turm" und das zugehörige „Einstein-Institut" konnten jedoch für nicht minder wertvolle Untersuchungen auf dem Gebiet der Sonnenphysik genutzt werden.

Bild 27: Der „Einstein-Turm" (heute „Sonnenobservatorium Einstein-Turm").

6.5.1 Die experimentelle Bestätigung der Lichtablenkung durch die Sonne

Eine von Einstein selbst erwogene Möglichkeit des experimentellen Nachweises der Lichtablenkung durch die Gravitation bestand darin, die Lichtablenkung durch die Sonne während einer Sonnenfinsternis zu messen und mit dem theoretisch errechneten Wert zu vergleichen. Ein solcher Versuch wurde im Jahre 1919 unternommen. Bereits zwei Jahre zuvor hatte der englische „Astronomer Royal" darauf hingewiesen, daß die für 1919 zu erwartende totale Sonnenfinsternis für das Experiment sehr geeignet sei, da sich die Sonne zur Zeit der Verfinsterung inmitten einer Anzahl besonders heller Fixsterne, der Hyoden, befinden werde, die als Lichtquellen benutzt werden könnten. Die Problematik bestand jedoch darin, daß nur bestimmte Gebiete der Erdoberfläche, in denen die Sonnenscheibe durch den zwischen Erde und Sonne tretenden Mond vollständig verdeckt wird, für die geplanten Beobachtungen geeignet waren. Diese Gebiete aber waren im Falle der Sonnenfinsternis des Jahres 1919 weit von Europa entfernt. Man mußte also rechtzeitig wissenschaftliche Expeditionen vorbereiten, die die Beobachtungen an geeigneter Stelle durchführen konnten. Um Bewölkungsrisiken zu vermeiden, schickte man zwei Expeditionen aus, die eine nach Sobral in Nordbrasilien, die andere, an der Sir Arthur Eddington, der Leiter des gesamten Unternehmens, persönlich beteiligt war, auf die Insel Principe im Golf von Guinea. Die Teilnehmerliste der Expeditionen verzeichnete weithin bekannte Namen der zeitgenössischen Wissenschaft wie Grommelin, Davidson u.a. Mit fieberhafter Spannung sah die wissenschaftliche Öffentlichkeit den Ergebnissen der Expeditionen entgegen. Eddington selbst beschrieb die aufregendsten Momente des Unternehmens wie folgt:

> „An dem Tag der Sonnenfinsternis war das Wetter ungünstig. Als die totale Finsternis eintrat, war die dunkle Scheibe des Mondes, umgeben von der Korona, nur durch Wolken sichtbar, ungefähr so, wie der Mond oft bei Nacht hinter Wolken aussieht, wenn die Sterne nicht sichtbar sind. Aber wir konnten nichts anderes tun, als das Programm so ablaufen zu lassen, wie es vorgesehen war, und auf das Beste hoffen. Der eine Beobachter hatte nichts anderes zu tun, als die photographischen Platten schnell auszuwechseln, während der andere die vorgesehenen Beleuchtungen durchführte, indem er vor das Objektiv des Teleskops einen Schirm hielt, um jede Erschütterung des Instruments selbst zu vermeiden.
>
> Oben vollzieht sich ein wunderbares Schauspiel, wie später die Photographien zeigen, eine gewaltige Protuberanz schwebt 100000 Meilen über der Oberfläche der Sonne. Aber wir haben keine Zeit, und das an-

zusehen. Wir spüren nur das seltsame Zwielicht der Landschaft und die nur von den Zurufen der Beobachter unterbrochene Stille der Natur und das Ticken unseres besten Metronoms, das die dreihundertzwei Sekunden der totalen Finsternis abzählt.

Insgesamt erhielten wir sechzehn Photographien, wobei die Belichtungszeiten zwischen zwei und zwanzig Sekunden schwankten. Auf den ersten Photographien waren keine Sterne zu sehen, aber anscheinend hatten sich die Wolken gegen Ende der totalen Finsternis etwas verzogen, und auf den späteren Platten erschienen einige Bilder. In vielen Fällen fehlte der eine oder andere der wichtigsten Sterne infolge der Wolken, und wir konnten die Aufnahmen nicht verwerten. Aber auf einer Platte waren ziemlich gute Bilder von fünf Sternen zu sehen, die für eine Bestimmung ausreichen."

Das geschah am 29. März 1919. Anschließend verglich man die Aufnahmen mit den Photographien der gleichen Sterne, die in London gemacht wurden, als die Sterne in weitem Abstand von der Sonne standen. Das sensationelle Ergebnis des Vergleiches war, daß tatsächlich eine Lichtablenkung festgestellt wurde, die ungefähr der von der Einsteinschen Theorie vorgesehenen Ablenkung entsprach und doppelt so groß wie die nach der Newton'schen Auffassung zu erwartende Ablenkung war. Es vergingen jedoch mehrere Monate, bis die Expedition nach London zurückkehrte und eine genauere Auswertung der Photographien möglich wurde. Es konnte kein Zweifel mehr bestehen, daß die für den Durchschnittsbürger wie für die Mehrzahl der Physiker der Zeit schwer vorstellbare Raumkrümmung tatsächlich existiert.

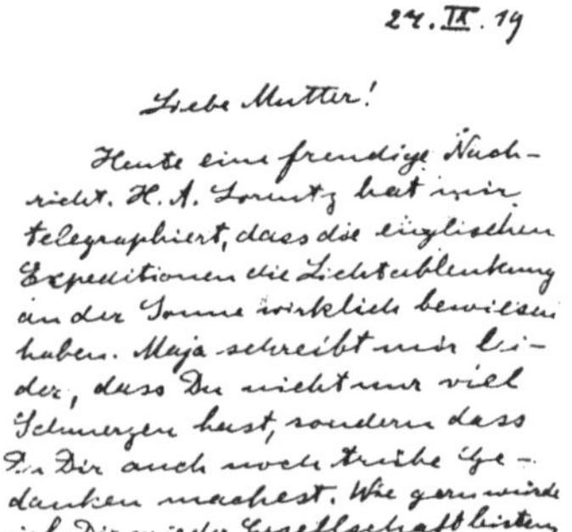
27. IX. 19

Liebe Mutter!

Heute eine freudige Nachricht. H. A. Lorentz hat mir telegraphiert, dass die englischen Expeditionen die Lichtablenkung an der Sonne wirklich bewiesen haben. Maja schreibt mir leider, dass Du nicht nur viel Schmerzen hast, sondern dass Du Dir auch noch trübe Gedanken machst. Wie gern würde ich Dir wieder Gesellschaft leisten, dass Du nicht dem hässlichen Grübeln überlassen wärest! Aber eine Weile werde ich doch hier bleiben müssen und arbeiten. Auch nach Holland werde ich für einige Tage fahren, um mich Ehrenfest dankbar zu erweisen, obwohl der Zeitverlust recht schmerzlich ist.

Ich wünsche Dir von Herzen gute Tage. Sei innig gegrüsst von Deinem Albert

Bild 28: Auf einer Postkarte teilte Einstein seiner Mutter die Nachricht von der experimentellen Bestätigung der Lichtablenkung durch die Sonne mit.

Einstein selbst nahm diese Nachricht gelassen hin, wie seine Postkarte an die Mutter vom

27. September 1919 (vgl. Bild 28) zeigt. In einem Brief an Max Planck jedoch schrieb er:

„Es ist doch eine Gnade des Schicksals, daß ich dies habe erleben dürfen.“

Für die übrige Welt aber war die Nachricht ein Ereignis von überwältigender Bedeutung, das Einsteins Ruhm weltweit bekräftigte. Freunde aus der Züricher Zeit begrüßten die Bestätigung der Lichtablenkung mit den Versen:

„Alle Zweifel sind entschwunden.
Endlich ist es nun gefunden:
Das Licht, das läuft natürlich krumm
Zu Einsteins allergrößtem Ruhm!“

Einsteins Antwort lautete:

„Frau Sonne uns Licht und Leben schenkt,
Doch liebt sie nicht den, der da grübelt und denkt.
Drum müht sie sich ab gar manches Jahr,
wie sie wohl schlau ihr Geheimnis bewahr'.
Doch jüngst kam der liebe Mond zu Gast,
vor Freude begann sie zu leuchten fast,
Ist auch um ihr tiefes Geheimnis gekommen —
Der Eddington hat es ja aufgenommen.
Ihr Freunde drum von des Kolloquiums Runde,
Wenn auch Euch einst schlägt eine schwache Stunde,
Gedenkt unserer Sonne! Was sie nicht kann,
Wie soll es vermögen der sterbliche Mann?“

Die Überwindung der Newton'schen Mechanik besiegelte die offizielle Verkündigung der Expeditionsergebnisse auf einer gemeinsamen Sitzung der „Royal Astronomical Society“ und der „Royal Society“ am 6. November 1919 in London. Der Mathematiker und Philosoph Whitehead schilderte die Sitzung wie folgt:

„Die ganze Atmosphäre gespannter Teilnahme war genau wie bei einem griechischen Drama: Wir waren der Chor, der zu dem Schicksalsspruch sich äußerte, wie er sich in der Entwicklung eines überragenden Falles enthüllt. Schon im Ort der Handlung lag ein Moment dramatischer Spannung: die traditionelle Zeremonie und im Hintergrund das Bildnis von Newton, das uns daran gemahnte, daß die größten wissenschaftlichen Naturgesetze jetzt, nach mehr als zwei Jahrhunderten, zum erstenmal eingeschränkt wurden."

Der Präsident der „Royal Society", Sir J.J. Thomson, würdigte Einsteins Theorie als „eine der größten Leistungen in der Geschichte des menschlichen Denkens" und fuhr fort:

„Es handelt sich dabei nicht um die Entdeckung einer einsamen Insel, sondern eines ganzen Kontinents neuer wissenschaftlicher Gedanken. Es ist die bedeutendste Entdeckung der Gravitationslehre, seit Newton seine Grundgesetze aufstellte."

Anschließend wurde darüber berichtet, daß die Expeditionsergebnisse eine Ablenkung des von den benutzten Fixsternen ausgehenden Lichts durch die Gravitation der Sonne von 1,64 Bogensekunden erbracht hätten, die nur geringfügig unter dem von Einstein errechneten theoretischen Wert von 1,75 Bogensekunden lag.

Im Jahre 1952 ermittelte eine mit genaueren Meßapparaturen ausgestattete Expedition im Sudan bei ähnlichen Messungen eine Ablenkung von 1,7 Bogensekunden, also einen Wert, der den Berechnungen Einsteins noch näher kam.

6.5.2 Die experimentelle Bestätigung der Zeitverlangsamung durch die Gravitation

Auch die erwartete Zeitdilatation durch die Gravitation ist in neuester Zeit verschiedentlich experimentell erhärtet worden.

Der Umstand, daß das Gravitationsfeld der Erde mit zunehmender Höhe relativ stark abnimmt, bietet die Möglichkeit des Vergleichs zweier Uhren, deren eine auf der Erdoberfläche installiert ist, während die andere in einer bestimmten Höhe, etwa auf einem Turm, angebracht ist. Da der zu erwartende Zeitunterschied sehr gering ist, muß es sich dabei um sehr präzise Uhren handeln. Es kommen also für den Versuch ausschließlich Atomuhren in Betracht. Uhren dieser Art stehen jedoch erst seit wenigen Jahrzehnten zur Verfügung, seit der Münchener Physiker und Nobelpreisträger R. Mößbauer den nach ihm benannten Effekt der Atomstrahlung entdeckte. Dieser Effekt, wonach Atomkerne in einem Kristallgitter Strahlung mit sehr genauer Frequenz abstrahlen bzw. absorbieren, bietet die Möglichkeit einer Zeitmessung mit zuvor nicht gekannter Präzision. Unter Nutzung dieses Effekts führte ein Wissenschaftlerteam unter der Leitung von R. Pount an der Harvard-Universität ein Experiment durch, durch das es gelang, die Zeitverlangsamung durch das Gravitationsfeld nachzuweisen und damit die Vorhersage Einsteins zu erhärten. Das Experiment benutzte einen 23 m hohen Turm, auf dessen Spitze eine Uhr in Gestalt einer Apparatur aufgestellt wurde, die imstande war, eine bestimmte Gammastrahlung zu absorbieren. Diese Gammastrahlung wurde von der zweiten „Uhr", d.h. dem Sender der Gesamtstrahlung, ausgestrahlt, der im Keller des Turmes installiert war. Die bei dem Experiment gemessene Zeitverlangsamung fiel mit der erwarteten Zeitdifferenz nahezu überein.

Damit gaben sich die Wissenschaftler jedoch nicht zufrieden. Sie führten eine Reihe weitere Versuche durch, welche die Verlangsamung der Zeit durch die Gravitation bestätigten.

So wurden im Jahre 1975 zwei Atomuhren verglichen, deren eine sich auf dem Erdboden befand, während die andere an Bord eines Flugzeugs installiert war, das mehrere Stunden lang in einer Höhe von 30 km flog. Während des Fluges wurden beide Uhren beständig durch einen Lasersender verglichen. Die Messungen ergaben, daß die im Flugzeug installierte Uhr tatsächlich hinter der auf dem Erdboden befindlichen Uhr zurückblieb, bis das Flugzeug wieder gelandet war.

Ähnlich war das Ergebnis eines Versuchs aus dem Jahre 1976, bei dem die fliegende Uhr in einer Rakete installiert wurde, welche sie auf eine Höhe von mehreren 100 km trug.

Der Umstand, daß die Frequenz eines Lichtstrahls bzw. einer elektromagnetischen Welle mit zunehmendem Gravitationsfeld abnimmt, hat die sog. Rotverschiebung zur Folge. Das bedeutet, daß das Frequenzspektrum der Strahlung eines Himmelskörpers, der größer als die Erde ist und ein stärkeres Gravitationsfeld als diese aufweist, stets niedriger erscheint, d.h. eine Verschiebung in Richtung der tieferen Frequenzen aufweist, die man als Rotverschiebung bezeichnet. Diese Verschiebung ist durch astronomische Beobachtungen verschiedentlich festgestellt worden. Die Wissenschaft ist sich jedoch bislang nicht einig darüber, ob sich das Phänomen aus der allgemeinen Relativitätstheorie oder aus dem Doppler-Effekt erklärt.

6.6 Auf der Suche nach den Gravitationswellen

Eine der Folgerungen der allgemeinen Relativitätstheorie ist die Behauptung der Existenz von Gravitationswellen, welche durch Sprünge der Elementarteilchen die Massen erzeugen. Diese Wellen sollen sich wie die elektromagnetischen Wellen im leeren Raum mit Lichtgeschwindigkeit ausbreiten und für die Wechselwirkungen zwischen den Massen verantwortlich sein. Die Stelle der Photonen der elektromagnetischen Wellen sollen dabei die sog. Gravitonen einnehmen, welche die Fernwirkung mit der Geschwindigkeit des Lichts übertragen.

Im Gegensatz zu den Photonen sollen die Gravitonen die Massen durchdringen können, so daß eine Abschirmung gegen Gravitationsfelder ausgeschlossen ist.

Gravitationsfelder sind jedoch im Gegensatz zu elektromagnetischen Feldern sehr schwach, so daß ihre Existenz experimentell nur schwer nachzuweisen ist. Einstein stellte entsprechende Berechnungen an und kam zu dem Ergebnis, daß eine enorme Menge von Bewegungsenergie erforderlich sei, um ein sehr schwaches Gravitationsfeld zu erzeugen. Die theoretische Erklärung führt die geringe Stärke dieser Wellen auf den Umstand zurück, daß sich das Zentrum der Gravitation nicht bewegt. Das bedeutet, daß jede Ablenkung einer Masse in der einen Richtung durch die Ablenkung einer anderen Masse in der Gegenrichtung ausgeglichen wird, wobei sich die Gravitationswellen gegenseitig aufheben.

Angesichts dieser Tatsachen fragte man sich daher, ob der Versuch, diese Wellen auf experimentellem Wege nachzuweisen, überhaupt Erfolg verspräche. Die Zweifel wurden durch die folgende Überlegung zerstreut: Ge-

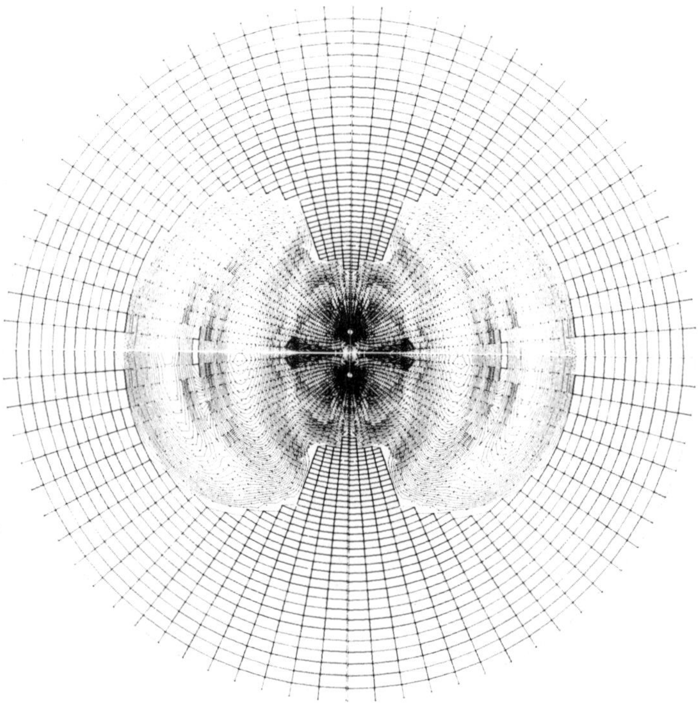

Bild 29: Computerberechnete Gravitationswellen beim Zusammenprall zweier „schwarzer Löcher“.

schieht an irgendeiner Stelle des Universums eine kosmische Katastrophe, etwa in Gestalt eines frontalen Zusammenstoßes zweier „schwarzen Löcher", so ist damit zu rechnen, daß etwa 1‰ der Ruheenergie der „schwarzen Löcher" in Gravitationswellen umgewandelt wird, die sich mit Lichtgeschwindigkeit im Universum ausbreiten. Mit Hilfe eines Computers hat man sogar die Gestalt des entsprechenden Feldes durchgerechnet (vgl. Bild 29). Auf ihrer Reise durch das Universum können diese Wellen unter anderem auch die Erde erreichen. Man benötigt mithin lediglich eine geeignete Antenne und einen geeigneten Empfänger, um diese Wellen ebenso wie elektromagnetische Wellen empfangen zu können.

Man stellte daher Überlegungen über die Beschaffenheit einer Empfangsanlage an, die in der Lage wäre, die überaus schwachen Gravitationswellen wahrzunehmen. Diesseits und jenseits des Atlantiks hielten zahlreiche Wissenschaftler geduldig die Ohren zum Himmel in der Hoffnung, daß eine kosmische Katastrophe Gelegenheit bieten werde, Gravitationswellen zu empfangen.

Die erste dieser Empfangsanlagen entstand in den USA. Ihr Erbauer

Bild 30: Gravitationswellenantenne des Weber-Typs im Max-Planck-Institut in München.

J. Weber, ein Wissenschaftler der Universität von Maryland, hoffte damit die Gravitationswellen als erster zu empfangen.

Als Antenne benutzte Weber einen aus Aluminium bestehenden Zylinder mit einem Gewicht von 1,5 Tonnen, der vibrationsfrei in einer Vakuumkammer aufgehängt wurde. Der Hintergedanke war, daß eine derartige Antenne in Schwingung versetzt würde, falls sie von einer Gravitationswelle, deren Frequenz der Resonanzfrequenz des Zylinders entspräche, erreicht würde. Als Empfänger bzw. Detektor wurde eine Reihe hochempfindlicher piezoelektrischer Kristalle benutzt, die den Zylinder umgaben und auf die geringste Dehnung des Zylinders reagieren konnten. Die Kristalle sollten eine elektrische Spannung erzeugen, die als das Signal der Gravitationswellen anzusehen wäre.

Das ganze Experiment umfaßte die Installation zweier derartiger Apparaturen, deren eine in der Universität von Maryland aufgestellt wurde, während die andere in einer Entfernung von ca. 1000 km im Argonne National Laboratory in der Nähe von Chicago errichtet wurde.

In der Tat meldete Weber kurze Zeit darauf den Empfang von Gravitationswellen. Die sensationelle Meldung, welche die Gemüter der Wissenschaftler rund um den Erdball erregte, erwies sich jedoch rasch als falscher Alarm: die festgestellten Reaktionen des Zylinders waren durch Rauschsignale hervorgerufen worden, die durch Temperatureffekte erzeugt waren.

Entsprechende Experimente, die an anderen Forschungsstätten durchgeführt wurden, konnten ebenfalls keine Gravitationswellen nachweisen. Bild 30 zeigt eine Weber'sche Antenne, mit deren Hilfe man ehedem im Max-Planck-Institut in München auf die Suche nach den vermuteten Gravitationswellen ging. Sie besteht aus einem dicken, 154 cm langen Vollzylinder aus Aluminium mit einem Gewicht von 1,3 t, der in der Mitte an einem halb um den Zylinder gespannten Draht aufgehängt ist. Der Zylinder befindet sich in einer Vakuumkammer, um zusätzliche Luftdämpfung und Störungen durch Schallwellen zu vermeiden. Die Resonanzfrequenz der Apparatur von 10000 Hz liegt innerhalb des Frequenzbereichs der erwarteten Gravitationswellen.

Als Störfaktor erwies sich beim Weber'schen Experiment insbesondere die Temperatur, die unerwünschte Rauschsignale erzeugte. So ging man dazu über, gekühlte Apparaturen zu verwenden, deren Betriebstemperatur dem absoluten Nullpunkt (0°K bzw. −273°C) nahekam. Am weitesten fortgeschritten sind die Entwicklungen an der Standford University, wo eine Antenne mit einem Gewicht von 5000 kg auf etwa 0,02°K abgekühlt wird. Damit wird erreicht, daß das Resonanzgebilde eine Güte von mehr als 5 Mio. ($Q = 5 \cdot 10^6$) erreichen kann.

Wesentlich höhere Güten als bei Aluminium lassen sich erreichen, wenn man als Zylindermaterial große Einkristalle verwendet. Heutzutage lassen

Bild 31: Laserantenne für den möglichen Empfang von Gravitationswellen. (Foto: Max-Planck-Institut München)

sich bereits aus Saphir oder Silizium künstliche Einkristalle mit einem Gewicht von nahezu 100 kg herstellen. An einem Siliziumkristall von 5 kg Gewicht wurde in Rochester bei 4,2°K eine Güte von $Q = 1{,}7 \cdot 10^9$ gemessen. Man kann also Güten im Bereich von 10^{10} erhoffen.

Auf der Suche nach noch empfindlicheren Apparaturen ist man inzwischen zur Verwendung von Laser-Antennen übergegangen. Bei diesen Antennen mißt man die Abstandsänderungen frei aufgehängter Testmassen mit Hilfe von Licht. Eine Antenne dieses Typs wird unter anderem im Max-Planck-Institut in München betrieben (vgl. Bild 31).

Sollte es eines Tages gelingen, die von Einstein vorhergesagten Gravitationswellen zu empfangen, so werden sie den Anstoß zur Entdeckung weiterer Geheimnisse des Universums geben.

6.7 Zusammenfassung

Die Ergebnisse der allgemeinen Relativitätstheorie verlangen dem Fachmann wie dem Laien eine noch weitaus grundlegendere Korrektur überkommener Vorstellungen ab als die Ergebnisse der speziellen Relativitätstheorie. Auch scheint daher ein zusammenfassender Überblick geboten.

Den Anstoß für die Formulierung der allgemeinen Relativitätstheorie boten die Zweifel an der Scheidung von träger und schwerer Masse durch die Newton'sche Theorie und die unerklärte Perihelbewegung des Merkur. Die allgemeine Relativitätstheorie stützt sich auf das Prinzip der Äquivalenz von Trägheit und Beschleunigung und stellt eine Theorie der Gravitation dar. Die Ergebnisse der allgemeinen Relativitätstheorie lassen sich folgendermaßen zusammenfassen:

a) Das vierdimensionale ,,Raum-Zeit-Kontinuum" erfährt eine Krümmung durch die Gravitation der Himmelskörper. Diese Krümmung setzt die euklidische Geometrie außer Kraft und ist verantwortlich für die Bahnbewegung der Planeten. Sie liefert überdies den Anstoß für die Annahme eines unendlich großen und dennoch endlichen Universums.
b) Die Gravitation verlangsamt die Zeit. Je größer ein Himmelskörper ist, desto größer ist seine Gravitation und desto langsamer verläuft mithin auf ihm die Zeit. Das gleiche gilt für stark beschleunigte Bezugssysteme, wenn man das Äquivalenzprinzip zugrundelegt.
c) Die allgemeine Relativitätstheorie fordert eine Gravitationsstrahlung, d.h. Gravitationsfelder, deren experimenteller Nachweis jedoch bis heute nicht gelungen ist. Ihre Bestätigung oder Falsifizierung ist von großer Bedeutung für die Kosmologie überhaupt.

Die herkömmlichen Bezeichnungen der Einstein'schen Gedankengebäude als „spezielle“ resp. „allgemeine Relativitätstheorie“ erscheinen nach heutiger Auffassung eher unglücklich gewählt. Die spezielle Relativitätstheorie wäre eher als „chronogeometrische Theorie“ zu bezeichnen, da sie Raum und Zeit zu einem einheitlichen, vierdimensionalen Raum-Zeit-Kontinuum zusammenfaßt. Die allgemeine Relativitätstheorie aber wäre angemessener als „Gravitationstheorie“ zu bezeichnen, da sie die Auswirkungen der Gravitation auf Raum und Zeit beschreibt.

7 Die Berliner Jahre

Als Einstein sich im Jahre 1914 nach Berlin begab, war er mit 34 Jahren bereits ein weltberühmter Physiker. Als seine erste Ehe fünf Jahre später offiziell geschieden wurde, konnte er nicht ohne Grund zusagen, seinen finanziellen Verpflichtungen mit Hilfe der Mittel nachzukommen, die ihm der in naher Zukunft erwartete Nobelpreis an die Hand zu geben versprach. In der Tat konnte er diese Zusage bereits im Jahre 1922 einlösen.

Bild 32: Teilansicht der preußischen Akademie der Wissenschaften in Berlin um die Jahrhundertwende. Hier fand Einstein trotz der politischen Turbulenzen der zwanziger Jahre die erforderliche Ruhe zur Vollendung seiner allgemeinen Relativitätstheorie.

In Berlin führt Einstein zunächst das Leben eines Junggesellen. Im Hause seines Onkels begegnet er seiner Kusine Elsa wieder, mit der ihn seit seiner Münchener Zeit eine enge Freundschaft verband. Beide heiraten im Jahre 1919. Elsa bringt zwei Töchter aus erster Ehe mit. Auch Einsteins Beziehungen zu seinen beiden Söhnen werden sorgsam gepflegt. In dieser wiedergewonnenen Familienatmosphäre setzt Einstein sein wissenschaftliches Werk fort. Schon zeichnen sich jedoch am Horizont die dunklen Wolken des Nationalsozialismus ab, die Einstein ungeachtet seines Weltruhms rasch auch persönlich tangieren.

Anlaß zu Angriffen gegen seine Person wie gegen sein wissenschaftliches Werk bieten seine jüdische Abstammung und sein Bekenntnis zur zionistischen Bewegung. Bereits im Jahre 1919, ein Jahr nach dem Sturz der Monarchie, hatte sich Einstein in einem Brief an Max Planck besorgt über die wachsende antisemitische Hetze in Deutschland geäußert. Im folgenden Jahr verstärken sich die Angriffe. Eine „Arbeitsgemeinschaft deutscher Naturforscher zur Erhaltung reiner Wissenschaften e.V.“ kündigt eine Vortragsreihe gegen die Relativitätstheorie und ihren Schöpfer an. Der erste Vortrag findet am 24. August 1920 in der Berliner Philharmonie statt. Während ein inkompetenter Referent namens Weyland sich auf allgemeine Angriffe gegen Einstein beschränkt, sucht der Experimentalphysiker Gehrcke die Unhaltbarkeit der Relativitätstheorie zu erweisen. Da der erhoffte Erfolg ausblieb, wurde die auf 20 Veranstaltungen angelegte Vortragsreihe abgebrochen. Einstein, der der Veranstaltung beiwohnte, veröffentlichte im Berliner Blatt eine Stellungnahme unter dem Titel „Meine Antwort“, die den Gegnern die Waffen aus der Hand schlug. Die Ruhe war jedoch nur von kurzer Dauer. Inzwischen war die experimentelle Bestätigung der Lichtablenkung durch die Gravitation bekannt geworden, die ein stürmisches Interesse der Weltöffentlichkeit an Person und wissenschaftlicher Leistung Einsteins weckte. Aus allen Teilen der Welt gingen Einladungen zu Vorträgen ein und Einsteins Name machte rund um den Erdball Schlagzeilen in der Weltpresse. Einstein sah sich gegen seine Neigung gezwungen, etliche dieser Einladungen anzunehmen, da er es für seine Pflicht hielt, in einer politisch unruhigen Zeit zur Völkerverständigung beizutragen. Er reiste nach Holland, Italien, Österreich, Spanien, England, Japan, Schweden, Palästina, in die Schweiz, die USA usw. Überall wurde ihm ein begeisterter Empfang zuteil. Besorgt über den weltweit, insbesondere aber in Deutschland wachsenden Antisemitismus, ließ er sich während seiner Reise in die Vereinigten Staaten für die zionistische Bewegung gewinnen. Noch nahm man in Deutschland Einsteins Reisen und seinen Weltruhm wohlwollend zur Kenntnis, da die deutschen Botschaften, Gesandtschaften und Konsulate äußerst positiv nach Hause berichteten, so daß die Ansicht überwog, Einsteins wissenschaftliche Leistung diene dem deutschen Ansehen im Ausland. So berichtete etwa die deutsche Botschaft in England am 9. September 1920 an das Auswärtige Amt:

> „Professor Einstein ist gerade im gegenwärtigen Augenblick für Deutschland ein Kulturfaktor ersten Ranges, da Einsteins Name in weiten Kreisen bekannt ist ... Wir können einen solchen Mann, mit dem wir wirkliche Kulturpropaganda treiben können, nicht ins Ausland treiben.“

Diese Ansicht wurde von Einsteins Gegnern in Deutschland keineswegs geteilt. Erneut entflammte eine Hetzkampagne. Sie wurde insbesondere von dem Heidelberger Experimentalphysiker Philipp Lenard betrieben, der

Bild 33: Berlin in den zwanziger Jahren (Reichstagsgebäude).
(Foto: Deutsches Museum)

zwar als Experimentator weltweites Ansehen genoß, Einsteins theoretische Arbeiten jedoch nicht zu verstehen vermochte.

Mit seinen Angriffen gegen Einstein leitete Lenard jene Periode rassistischer und chauvinistischer Verleumdung ein, die wenige Jahre später unter dem Naziregime ihren Höhepunkt finden sollte. Lenards Invektiven gegen Einstein, die sich dazu verstiegen, Einsteins Theorie als zu abstrakt und daher „undeutsch“, als „jüdisch“ und „artfremd“ zu bezeichnen und ihren Ersatz durch eine anschauliche „deutsche Physik“ zu fordern, geben einen charakteristischen Vorgeschmack der sich anbahnenden Entwicklung.

Die Angriffe Lenards und seiner Gesinnungsgenossen fanden einen durchaus geeigneten Nährboden, der es ihnen ermöglichte, ihre Schmähungen sogar auf der offiziellen Versammlung der Naturforschergesellschaft vorzutragen. Zwei Jahre später (1922) versuchte Lenard, eine Vortragsreihe Einsteins nach Danzig offiziell zu unterbinden. Morddrohungen gegen Einstein häuften sich, und insbesondere die Ermordung des Außenministers Rathenau im Juli 1922 führte zu einer dramatischen Zuspitzung der Lage.

In einem Schreiben an Max Planck teilt Einstein daher mit, daß er sich angesichts fortgesetzter Morddrohungen nicht imstande sieht, auf der Hundertjahrfeier der Gesellschaft Deutscher Naturforscher und Ärzte im September 1922 in Leipzig zu sprechen. Enttäuscht und empört schreibt Max Planck:

„Also so weit haben es die Lumpen wirklich gebracht, daß sie eine Veranstaltung der deutschen Wissenschaft von historischer Bedeutung zu durchkreuzen vermögen. Einstein wird also den für die erste allgemeine Sitzung der Naturforscherversammlung am 18. September angekündigten Vortrag über ‚Die Relativitätstheorie in der Physik' nicht halten, und die Bedeutung dieser Sitzung ist dadurch auf das empfindlichste bedroht."

Bild 34: Philipp Lenard (1862—1947), Physiker und Nobelpreisträger. Einer der entschiedensten Widersacher Einsteins. (Foto: Deutsches Museum)

Wenig später (1923) tritt Einsteins hauptsächlicher Gegner Lenard als offizieller Propagandist der NSDAP auf.

Am 10. November 1922 sprach die Schwedische Akademie der Wissenschaften Einstein den Nobelpreis zu. Die Entscheidung war von der Weltöffentlichkeit, der Einstein als einer der genialsten Physiker aller Zeiten galt, seit langem erwartet worden. Die zögernde Haltung des Nobelpreiskomitees erklärt sich vordergründig aus formalen Gründen. Nobel hatte nämlich ausdrücklich bestimmt, daß die Auszeichnung für Physik demjenigen verliehen werden sollte, dessen Entdeckung der Menschheit in den letzten Jahren den größten Nutzen gebracht hatte. Ob die Entdekkung der Relativitätstheorie diesem Kriterium entsprach, war längere Zeit umstritten, da die Theorie nach der Ansicht einiger Fachleute keine neuen

Tatsachen erbrachte, sondern lediglich eine einfachere Ableitung bekannter Gegebenheiten erlaubt. Aus heutiger Sicht erscheint die Haltung des Komitees schwer verständlich. Die eigentlichen Gründe seiner Zurückhaltung waren jedoch politischer Natur. Einsteins Relativitätstheorie war längst Gegenstand politischer und religiöser Auseinandersetzungen geworden, so daß das Preiskomitee mit dem brisanten Fall vorsichtig verfahren mußte. Einerseits bereit, Einsteins bahnbrechende Arbeiten zu honorieren, mußte es andererseits nach mehreren Seiten Rücksicht auf emotionale Reaktionen nehmen. Endlich einigte man sich auf den Kompromiß, Einstein den Nobelpreis nicht für seine Relativitätstheorie, sondern für die bahnbrechende Entdeckung des photoelektrischen Effekts zu verleihen. Diese Entdeckung stand nicht im Kreuzfeuer des Meinungsstreits, so daß das Komitee damit rechnete, daß seine Entscheidung keine größere Unruhe auslösen würde. Diese Annahme hat sich zwar bewahrheitet, doch löste die Entscheidung zugleich neue Spekulationen der Gegner der Relativitätstheorie aus, die argumentierten, daß die Theorie offenbar nicht preiswürdig war. Einsteins erbittertster Gegner Lenard nahm die Entscheidung 1923 zum Anlaß, der Schwedischen Akademie vorzuwerfen, sie habe durch die Preisverleihung das „bereits gesunkene Prestige“ Einsteins aufpolieren wollen.

Bild 35: Albert Einstein in den zwanziger Jahren auf seinem Segelboot in Berlin.

Zur Zeit der Preisverleihung durch die Schwedische Akademie der Wissenschaften befand sich Einstein auf einer Vortragsreise in Japan. Es erhob sich daher die Notwendigkeit, den Preis durch den Gesandten seines Heimatlandes in Empfang nehmen zu lassen. Sogleich ergab sich neuer politischer Zündstoff. Während Deutschland Einstein als Bürger des Deutschen Reiches betrachtete, verwies die Schweiz auf seine eidgenössische Staatsbürgerschaft. Auf seine Anfrage in Berlin erhielt der deutsche Gesandte Nadolny den Bescheid, Einstein sei „Reichsdeutscher". Ordnungsgemäß vertrat er daher Einstein bei der Verleihung des Nobelpreises wie bei dem im Anschluß an die Preisverleihung vom schwedischen König zu Ehren der Preisträger gegebenen Diner. Kaum war das Fest beendet, kam aus Berlin die Nachricht, Einstein sei doch als Schweizer Staatsbürger zu betrachten. Während man in Schweden bemüht war, über die kompromittierende Angelegenheit Stillschweigen zu bewahren, ordnete der deutsche Minister für Wissenschaften und Kunst eine Untersuchung der Frage durch die Berliner Akademie der Wissenschaften an. Die Untersuchung kam zu dem Schluß, daß Einstein am 1. Juli 1920 auf die Weimarer und am 15. März 1921 auf die preußische Verfassung vereidigt worden war und daher als Reichsdeutscher zu betrachten sei. Diese Auffassung wurde auch von den Kollegen und Freunden Einsteins geteilt. Tatsächlich bekleidete Einstein eine Planstelle im preußischen Staatshaushalt und bezog seit seinem Amtsantritt im April 1914 neben einem Ehrengeld von 900 Reichsmark ein Jahresgehalt von 12000 Reichsmark. Gegen seine eigene Neigung sah er sich daher in der Stellung eines deutschen Reichsbürgers.

Angesichts des vor allem in Deutschland zunehmenden Antisemitismus und der wachsenden Gefahr eines neuen Weltkriegs trat Einstein in den folgenden Jahren unermüdlich für Frieden und Gerechtigkeit unter den Völkern ein. So unterzeichnete er 1926 zusammen mit Gandhi, Tagore, Barbusse und anderen ein pazifistisches Manifest gegen den Krieg und wirkte in der Kommission des Völkerbundes für internationale Zusammenarbeit mit. Mit großer Besorgnis verfolgte er die politische Entwicklung in Deutschland. In der entscheidenden Stunde vor den Reichstagswahlen unterzeichnete er am 17. Juni 1932 zusammen mit Heinrich Mann und Käthe Kollwitz ein Schreiben an den SPD-Vorsitzenden Otto Wels und den ADGB-Vorsitzenden Theodor Leiparth, in dem die Aufstellung gemeinsamer Kandidaten „gegen die entscheidende Gefahr des Faschismus" vorgeschlagen wird. Überdies sprach er seine Ansichten auf einer Kundgebung aus.

Die Tage seines Aufenthalts in Deutschland waren jedoch bereits gezählt. Während er sich Anfang 1933 auf einer Vortragsreise in den USA befand, gelang den Nazis die Machtergreifung in Deutschland. In Pasadena gab Einstein eine Presseerklärung ab, die das kaum etablierte Hitlerregime aufs tiefste beunruhigte. Darin hieß es:

> „Ich hoffe, daß in Deutschland bald gesunde Verhältnisse eintreten werden und daß dort in Zukunft die großen Männer wie *Kant* und *Goethe* nicht nur von Zeit zu Zeit gefeiert werden, sondern daß sich auch die von ihnen gelehrten Grundsätze im öffentlichen Leben und im allgemeinen Bewußtsein durchsetzen."

Auch seine Äußerungen aus Anlaß eines Empfangs im Waldorf-Astoria-Hotel in New York gingen wie ein Lauffeuer durch die Weltpresse. Besorgt fragte die Berliner Akademie der Wissenschaften am 18. März 1933 an, ob Einsteins Äußerungen gegen die deutsche Regierung in der Presse richtig wiedergegeben wären. Sollten sie sich bewahrheiten, so werde die Akademie „sich ohne Zweifel veranlaßt fühlen, von sich aus zu der Angelegenheit Stellung zu nehmen". Das Schreiben erreichte Einstein erst einen Monat später in Belgien, von wo er der Akademie seinen Austritt mit den Worten erklärte:

„Die in Deutschland gegenwärtig herrschenden Zustände veranlassen mich, meine Stellung bei der Preußischen Akademie der Wissenschaften hiemit niederzulegen. — Die Akademie hat mir 19 Jahre lang die Möglichkeit gegeben, mich frei von jeder beruflichen Verpflichtung wissenschaftlicher Arbeit zu widmen. Ich weiß, in wie hohem Maße ich ihr zu Dank verpflichtet bin. Ungern scheide ich aus ihrem Kreise auch der Anregungen und der schönen menschlichen Beziehungen wegen, die ich während dieser langen Zeit als ihr Mitglied genoß und stets hoch schätzte. — Die durch meine Stellung bedingte Abhängigkeit von der Preußischen Akademie empfinde ich aber unter den gegenwärtigen Umständen als untragbar."

Bild 36: Prof. Dr. Max von Laue (1878—1960). (Foto: Deutsches Museum)

In der Plenarsitzung der Preußischen Akademie vom 30. März 1933 wurde der Austritt Einsteins bekanntgegeben, und zwei Tage später, am 1. April 1933, dem Tag des „Juden-Boykotts", wurde er von den deutschen Zeitungen mit dem Hinweis verbreitet, daß die Akademie „seinen Abgang nicht bedauere". Selbstverständlich wurde diese Erklärung von der Mehrzahl der Akademiemitglieder abgelehnt. Insbesondere Max Laue sprach sich dagegen aus, und Max Planck, der wegen einer Reise nicht in Berlin war, gab im gleichen Jahre vor dem Plenum der Akademie die folgende Erklärung ab:

„Ich glaube im Sinne meiner akademischen Fachkollegen sowie auch der überwiegenden Mehrheit aller deutschen Physiker zu sprechen, wenn ich sage: Herr Einstein ist nicht nur einer unter vielen hervorragenden Physikern, sondern Herr Einstein ist der Physiker, durch dessen in unserer Akademie veröffentlichte Arbeiten die physikalische Erkenntnis in unserem Jahrhundert eine Vertiefung erfahren hat, deren Bedeutung nur an den Leistungen Johannes Keplers und Isaac Newtons gemessen werden kann. Es liegt mir vor allem daran, dies auszusprechen, damit nicht die Nachwelt einmal auf den Gedanken kommt, daß die akademischen Fachkollegen Herrn Einsteins noch nicht imstande waren, seine Bedeutung für die Wissenschaft voll zu begreifen."

Auch diese Erklärung konnte die Dinge jedoch nicht ungeschehen machen. Die Brücken zwischen Einstein und Deutschland waren ein für allemal abgebrochen.

8 Einsteins Weg in die USA

Einstein blieb zunächst als Gast des belgischen Königshauses in Belgien und wohnte bis zum Herbst 1933 in einem kleinen Badeort in der Nähe von Ostende. Angesichts der Morddrohungen aus dem Deutschen Reich wurde die Bevölkerung der Umgebung von den Behörden angehalten, Fremden gegenüber keine Auskunft über den Aufenthaltsort Einsteins zu geben. Überdies wurde sein Domizil beständig von zwei Polizisten bewacht.

Im Sommer 1933 hielt Einstein einige Vorlesungen in England, bevor er im Oktober endgültig in die USA zurückkehrte. Über seine Zukunft im „Land der unbegrenzten Möglichkeiten" brauchte er sich keine Sorgen zu machen. Seit einem Jahr waren bereits Verhandlungen mit Vertretern des „Institute for Advanced Studies" in Princeton im Gange, die das Ziel hatten, Einstein neben seinen Berliner Verpflichtungen für eine Tätigkeit in Princeton zu gewinnen. Nach seiner Abkehr von Deutschland fand der Gelehrte in Princeton eine Forschungsstätte, die seinen Wünschen entsprach. Die Arbeitsbedingungen glichen weitgehend denen der Berliner Akademie der Wissenschaften, d.h. es bestand keine Lehrverpflichtung und keine vorgeschriebene Forschungstätigkeit.

Bild 37: Albert Einstein im Jahre 1946.

Einstein war begleitet von seiner Frau Elsa, der Stieftochter Margot und seiner Sekretärin Helene Doukas, einer aus Freiburg stammenden energischen Dame griechischer Abstammung, die für die Erledigung der ungezählten täglich anfallenden Arbeiten sorgte. Alle vier kamen mit einem Besuchervisum in die USA. Da die Gesetze der Vereinigten Staaten keine Möglichkeit vorsahen, eine Daueraufenthaltsgenehmigung im Lande zu erwerben, mußte sich Einstein in die englische Kolonie Bermuda begeben, um die Papiere aus der Hand des dortigen Konsuls zu empfangen. Dieser gab ein großes Fest für den berühmten Gelehrten, der sich anschließend nach Princeton begab, um die amerikanische Staatsangehörigkeit zu beantragen. Obwohl er zusammen mit seiner Stieftochter Margot und seiner Sekretärin im Jahre 1940 auf die amerikanische Verfassung vereidigt wurde und die amerikanische Staatsbürgerschaft erhielt, ist Einstein gleichwohl nie ein richtiger Amerikaner geworden, wie die folgende Äußerung erkennen läßt:

> „Ich sitze nun schon 17 Jahre in Amerika, ohne etwas von der Mentalität des Landes angenommen zu haben. Man muß die Gefahr meiden, im Denken und im Fühlen oberflächlich zu werden, wie es hier in der Luft liegt."

Es wäre ihm allerdings auch kaum leicht gewesen, etwas von der amerikanischen Mentalität anzunehmen, denn er lebte in Princeton im Vergleich zu den Berliner Jahren nahezu völlig zurückgezogen. Er mied insbesondere nach dem Tode seiner zweiten Frau im Jahre 1936 alle unnötigen öffentlichen Auftritte. Im gleichen Jahre schrieb er an seinen Freund Max Born:

> „Ich hause wie ein Bär in seiner Höhle und fühle mich eigentlich mehr zuhause als je in meinem wechselvollen Leben. Diese Bärenhaftigkeit ist durch den Tod der mehr mit Menschen verbundenen Kameradin noch gesteigert."

Entsprechend äußerte er sich gegenüber einem Besucher aus der alten Heimat:

> „Nicht wahr, Sie wundern sich, was für ein Gegensatz besteht zwischen meiner Berühmtheit in der Welt, dem Lärm über mich in den Zeitungen und der Isolierung und Stille, in der ich hier lebe. Diese Isolierung habe ich mir ein ganzes Leben gewünscht und sie hier in Princeton gefunden."

Kurz vor dem Ausbruch des Zweiten Weltkriegs besuchte ihn seine Schwester Maria Winteler-Einstein. Sie blieb in Princeton, da die Entwicklung in Europa ihre Rückkehr unmöglich machte, und verbrachte die folgenden Jahre zusammen mit ihrem Bruder, dem sie sehr verbunden war. Ihren

Tod im Jahre 1951 teilt Einstein seinem Jugendfreund Maurice Solovine im Juni des Jahres mit den Worten mit:

„Ich habe Ihnen die traurige Mitteilung zu machen, daß meine liebe Schwester schon vor vier Wochen durch einen sanften Tod von ihrem gräßlichen Leiden erlöst wurde. Ich bin sicher, Sie werden der guten Sache ein freundliches Andenken bewahren."

Bild 38: Der „Weise von Princeton" in seinen letzten Jahren mit seiner Stieftochter Margot (Mitte) und seiner Sekretärin Helene Doukas.

Der Öffentlichkeit galt Einstein bis zu seinem Lebensende als der „Weise von Princeton". Persönlichkeiten aus aller Welt wie Albert Schweitzer, Niels Bohr, Pandit Nehru, Irene Joliot-Curie, Bertrand Russel u.a. suchten ihn auf, und die Presse verzeichnete aufmerksam jede seiner Äußerungen.

Einsteins siebzigster Geburtstag im Jahre 1949 bot Anlaß, sein Leben und sein Werk in der Weltpresse zu würdigen. Die folgenden Jahre wurden durch den sich allmählich verschlechternden Gesundheitszustand des Gelehrten überschattet. Anfang April 1955 mußte er erneut das Krankenhaus aufsuchen, wo er am 18. April die Augen für immer schloß. Über seine letzten Stunden berichtet seine Stieftochter Margot:

„Er sprach mit tiefer Ruhe — sogar mit einem leichten Humor — über die Ärzte und wartete auf sein Ende wie auf ein bevorstehendes Naturereignis. So furchtlos wie er im Leben war — so still und bescheiden war er dem Tod gegenüber. Ohne Sentimentalität und ohne Bedauern ist er von dieser Welt gegangen."

Einsteins letzte Worte sind der Menschheit verloren gegangen: er sprach sie auf Deutsch, so daß die amerikanische Krankenschwester sie nicht verstehen konnte. Bei der Trauerfeier trug Otto Nathan Goethes Worte vor:

„Wir haben alle segensreich erfahren,
Die Welt verdank's ihm, was er sie gelehrt,
Schon längst verbreitet sich's in allen Scharen,
Das Eigendste, was ihm allein gehört.
Er glänzt uns vor, wie ein Komet entschwindet,
Unendlich Licht mit seinem Licht verbindend."

Einsteins Gehirn wurde auf seinen Wunsch wissenschaftlichen Untersuchungen zur Verfügung gestellt, seine Asche in die Winde verstreut. Lebte der große Humanist und Pazifist in unseren Tagen, so wäre er ohne Zweifel für die Lösung der dringlichsten Probleme unserer Zeit, die Rüstungsbeschränkung und die Eindämmung der Konsum- und der Bevölkerungsexplosion, eingetreten. Möge die heutige Generation der wissenschaftlichen Elite dies als Einsteins Vermächtnis ansehen und ihre Stimme unüberhörbar in seinem Sinne erheben, denn die Uhren stehen bereits nicht mehr auf fünf vor zwölf.

Anhang: Einstein und die Atombombe

Einstein, der ein Leben lang für Frieden und Gerechtigkeit eintrat, ist in die Geschichte nicht zuletzt als der geistige Vater des schrecklichsten Massenvernichtungsmittels eingegangen, das die Menschheit je ersonnen hat. Über Einsteins Beitrag zur Entwicklung der Atombombe liegen zahlreiche Publikationen oft weit auseinanderliegender Einschätzungen vor. Eines kann zumindest mit Sicherheit gesagt werden: Wäre Einstein die Entdekkung der Relativitätstheorie erst zu einem späteren Zeitpunkt gelungen, so wäre die Entwicklung der Atombombe nicht mit dem Ausgang des Zweiten Weltkriegs verbunden und ihre erste Erprobung nicht mit dem Leben von mehreren hunderttausend Menschen bezahlt worden. Einstein selbst war sich dieser Tatsache bis zu seinem Lebensende bewußt und trug an seinem Anteil unmittelbar Schuld, suchte sich zugleich jedoch öffentlich mit allem Nachdruck von der Atombombe zu distanzieren.

Es ist an dieser Stelle nicht unser Ziel, Einsteins Rolle bei der Entwicklung der Atombombe im einzelnen nachzugehen. Vielmehr wollen wir uns darauf beschränken, den Zusammenhang zwischen der Relativitätstheorie und der Herstellung der ersten Atombombe zu erläutern und zu zeigen, in welcher Weise sich Einstein angesichts der Bedrohung der Menschheit durch den Nationalsozialismus gezwungen sah, auf die Entscheidung der amerikanischen Regierung zur Produktion der Atombombe Einfluß zu nehmen.

Als Einstein seine Konzeption der speziellen Relativitätstheorie veröffentlichte und die Erkenntnis der Äquivalenz von Masse und Energie in die Zauberformel $E = mc^2$ faßte, ahnte niemand, daß diese Formel Jahrzehnte später den Schlüssel zur Herstellung der Atombombe darstellen würde. Am 6. August 1945 warfen US-Bomber den „Little Boy" über Hiroshima und drei Tage später den „Fat Man" über Nagasaki ab. Die japanischen Städte verglühten und mit ihnen fanden mehr als 150000 Menschen den Tod. Für die Überlebenden begann ein langsames, qualvolles Sterben, das bis auf den heutigen Tag, also nahezu 40 Jahre nach dem Abwurf der Bombe, anhält und auf die kommenden Generationen weitervererbt wird.

Kaum ging die Meldung der Atombombenabwürfe über „weiche Ziele", wie der Fachausdruck der Militär- und Rüstungsexperten für menschliche Wesen lautet, durch die Weltpresse, so wurde auch Einsteins Name mit der Entwicklung der schrecklichen Vernichtungswaffe in Verbindung gebracht. Denn bald wurde ein Brief bekannt, den der Wissenschaftler am 2. August 1939 an den damaligen Präsidenten der USA, Franklin Roosevelt, geschrieben hatte und in dem er die Prüfung der Kernenergie auf ihre militärische Verwendbarkeit anregte.

Die Empörung der Weltöffentlichkeit war unbeschreiblich. Niemand wollte glauben, daß Einstein, der zeitlebens für die Menschenrechte eingetreten war und jede kriegerische Auseinandersetzung verurteilte, als Massenmörder entlarvt sein sollte.

Was hatte Einstein zu seinem Brief bewogen? Noch 1932, also nahezu drei Jahrzehnte nach der Entdeckung der Äquivalenz von Masse und Energie, glaubte keiner der führenden Physiker der Zeit an die Möglichkeit der Kernspaltung und die Nutzung der Atomenergie für friedliche oder militärische Zwecke. Erst mit der Entdeckung des Neutrons im Jahre 1932 eröffnete sich die Möglichkeit einer Nutzung der Atomenergie im Guten wie im Bösen. Diese zunächst theoretische Möglichkeit schien wenige Jahre später in greifbare Nähe zu rücken, als dem deutschen Physiker Otto Hahn und Fritz Straßmann im Dezember 1938 im Kaiser-Wilhelm-Institut für Chemie die Entdeckung der Kernspaltung gelang. Die Entdeckung war so unerwartet, daß ihre Urheber selbst ihr zunächst mit Mißtrauen gegenüberstanden und nicht wußten, ob sie nicht einer Täuschung durch seltsame Zufälle erlegen waren. Nach den zeitgenössischen theoretischen Kenntnissen galt die Kernspaltung eher als Tabu. Bald aber überzeugten sich Hahn und Straßmann, daß ihre Entdeckung begründet war, und veröffentlichten zwei Monate später, am 10. Februar 1939, eine zweite Studie, in der sie nicht allein die Uranspaltung selbst, sondern auch die Möglichkeit einer durch die freigesetzten Neutronen ausgelösten Kettenreaktion ansprachen, was nichts anderes bedeutete, als die Möglichkeit der Verwendung von Uran als Brennstoff für die Herstellung atomarer Waffen. Lisa Meitner, die langjährige Mitarbeiterin Otto Hahns, die wegen ihrer jüdischen Abstammung inzwischen nach Schweden ausgewandert war, vermochte sogar die freigesetzte Energie zu berechnen, die „millionenfach größer sein wird als bei den bis dahin bekannten Verbrennungsvorgängen."

Wenige Monate später legten Niels Bohr und John Wheeler eine Theorie der Kernspaltung vor, die dem Thema erhöhte Brisanz verlieh. Bis zu diesem Zeitpunkt hatte Einstein mit der Entwicklung nichts zu tun, wenn man davon absieht, daß er durch Gespräche im Kreise der Fachwelt und durch wissenschaftliche Publikationen über die neuen Entdeckungen informiert war.

Im Juli 1939 erschien in der Zeitschrift „Naturwissenschaften" ein weiterer Artikel zum Thema der Kernspaltung, der angesichts der weltpolitischen Situation alarmierend wirkte. Siegfried Flügge, ein Physiker der Kaiser-Wilhelm-Gesellschaft zu Berlin, warf darin die Frage auf: „Kann der Energieinhalt der Atomkerne technisch nutzbar gemacht werden?" Der Verdacht, daß dieser Artikel die Entwicklung der Atombombe in den Händen der Nationalsozialisten signalisiere, begann unter den Physikern, insbesondere den in die USA emigrierten Forschern, ernste Gestalt anzunehmen. Vor allem Leo Szilard, ein ungarischer Physiker, der von 1920 bis 1933 als Student und später als Privatdozent an der Berliner Universität tätig war, Deutschland 1933 als Jude verlassen mußte und in die USA aus-

Heft 1. 6. 1. 1939] HAHN u. STRASSMANN: Über den Nachweis und das Verhalten der Erdalkalimetalle. 11

synthetischem Asbest[1], von künstlichem Glimmer[2], von künstlichem Kaolin[3] und Montmorillonit[4]. Bei allen diesen Versuchen hat man zwar bisher nur sehr kleine Kristalle erhalten, deren Identifizierung nur mittels Röntgenanalyse sichergestellt werden konnte. Es ist jedoch kein Zweifel, daß hier fruchtbare Ansätze vorliegen, die verfolgt werden müssen.

Interessant ist auch die Tatsache, daß es der Technik gelungen ist, Gewebe aus Glas herzustellen, bei denen die einzelnen Glasfäden die bekannte Sprödigkeit des Glases vollkommen verloren haben, sowie ferner, daß die Beachtung des Isosterismus von Quarz und $AlPO_4$ zu technisch brauchbaren neuartigen Gläsern geführt hat.

Ich möchte schließen mit der Forderung, daß wir uns bei der Suche nach praktisch brauchbaren Stoffen für bestimmte Verwendungszwecke mehr als bisher loslösen müssen von unseren Kenntnissen über die chemische Zusammensetzung des bisher auf dem entsprechenden Anwendungsgebiet Bekannten und daß wir viel mehr als bisher unsere Kenntnisse über Kristallstruktur und Bindungsart der praktisch brauchbaren Stoffe vertiefen müssen, um in planmäßiger Weise diejenigen chemischen Elemente zur Verbindungsbildung beizuziehen, die aus den allgemeinen Erkenntnissen über Bau, Größe und Bindungsvermögen der Atome in Betracht kommen und in Deutschland als Rohstoffe vorhanden sind.

[1] K. H. SCHEUMANN, Fortschr. d. Min. Krist. Petrographie 17, 69 (1937). — W. LÜTTGE, Fortschr. d. Min. Krist. Petrographie 18, 29 (1933); 15, 40 (1935). — Vgl. auch MACHATSCHKI, Naturwiss. 24, 742 (1936).

[2] W. NOLL, Naturwiss. 20, 283 (1932).

[3] W. NOLL, Naturwiss. 20, 366 (1932).

[4] W. NOLL, Naturwiss. 23, 197 (1935); vgl. auch W. NOLL, Ber. dtsch. keram. Ges. 19, H. 5 (1938).

Über den Nachweis und das Verhalten der bei der Bestrahlung des Urans mittels Neutronen entstehenden Erdalkalimetalle[1].

Von O. HAHN und F. STRASSMANN, Berlin-Dahlem.

In einer vor kurzem an dieser Stelle erschienenen vorläufigen Mitteilung[2] wurde angegeben, daß bei der Bestrahlung des Urans mittels Neutronen außer den von MEITNER, HAHN und STRASSMANN im einzelnen beschriebenen Trans-Uranen — den Elementen 93 bis 96 — noch eine ganze Anzahl anderer Umwandlungsprodukte entstehen, die ihre Bildung offensichtlich einem sukzessiven zweimaligen α-Strahlenzerfall des vorübergehend entstandenen Urans 239 verdanken. Durch einen solchen Zerfall muß aus dem Element mit der Kernladung 92 ein solches mit der Kernladung 88 entstehen, also ein Radium. In der genannten Mitteilung wurden in einem noch als vorläufig bezeichneten Zerfallsschema 3 derartiger isomerer Radiumisotope mit ungefähr geschätzten Halbwertszeiten und ihren Umwandlungsprodukten, nämlich drei isomeren Actiniumisotopen, angegeben, die ihrerseits offensichtlich in Thorisotope übergehen.

Zugleich wurde auf die zunächst unerwartete Beobachtung hingewiesen, daß diese unter α-Strahlenabspaltung über ein Thorium sich bildenden Radiumisotope nicht nur mit schnellen, sondern auch mit verlangsamten Neutronen entstehen.

Der Schluß, daß es sich bei den Anfangsgliedern dieser drei neuen isomeren Reihen um Radiumisotope handelt, wurde darauf begründet, daß diese Substanzen sich mit Bariumsalzen abscheiden lassen und alle Reaktionen zeigen, die dem Element Barium eigen sind. Alle anderen bekannten Elemente, angefangen von den Trans-Uranen über das Uran, Protactinium, Thorium bis zum Actinium haben andere chemische Eigenschaften als das Barium und lassen sich leicht von ihm trennen. Dasselbe trifft zu für die Elemente unterhalb Radium, also etwa Wismut, Blei, Polonium, Ekacäsium.

Es bleibt also, wenn man das Barium selbst außer Betracht läßt, nur das Radium übrig.

Im folgenden soll kurz die Abscheidung des Isotopengemisches und die Gewinnung der einzelnen Glieder beschrieben werden. Aus dem Aktivitätsverlauf der einzelnen Isotope ergibt sich ihre Halbwertszeit und lassen sich die daraus entstehenden Folgeprodukte ermitteln. Die letzteren werden in dieser Mitteilung aber im einzelnen noch nicht beschrieben, weil wegen der sehr komplexen Vorgänge — es handelt sich um mindestens 3, wahrscheinlich 4 Reihen mit je 3 Substanzen — die Halbwertszeiten aller Folgeprodukte bisher noch nicht erschöpfend festgestellt werden konnten.

Als Trägersubstanz für die „Radiumisotope" diente naturgemäß immer das Barium. Am nächstliegenden war die Fällung des Bariums als Bariumsulfat, das neben dem Chromat schwerstlösliche Bariumsalz. Nach früheren Erfahrungen und einigen Vorversuchen wurde aber von der Abscheidung der „Radiumisotope" mit Bariumsulfat abgesehen; denn diese Niederschläge reißen neben geringen Mengen Uran nicht unbeträchtliche Mengen von Actinium- und Thoriumisotopen mit, also auch die mutmaßlichen Umwandlungsprodukte der Radiumisotope, und erlauben daher keine Reindarstellung der Ausgangsglieder. Statt der quantitativen, sehr oberflächenreichen Sulfatfällung wurde daher das in starker Salzsäure sehr schwer lösliche Ba-Chlorid als Fällungsmittel gewählt; eine Methode, die sich bestens bewährt hat.

Bei der energetisch nicht leicht zu verstehenden Bildung von Radiumisotopen aus Uran beim Beschießen mit langsamen Neutronen war eine besonders gründliche Bestimmung des chemischen Charakters der neu entstehenden künstlichen Radioelemente unerläßlich. Durch die Abtrennung einzelner analytischer Gruppen von Elementen aus der Lösung des bestrahlten Urans wurde außer der großen Gruppe der Transurane eine Aktivität stets bei den Erdalkalien (Trägersubstanz Ba), den seltenen Erden (Trägersubstanz La) und bei Elementen der vierten Gruppe des Periodischen Systems (Trägersubstanz Zr) gefunden. Eingehender untersucht wurden zunächst die Bariumfällungen, die offensichtlich die Anfangsglieder der beobachteten isomeren Reihen enthielten. Es soll gezeigt werden, daß Transurane, Uran, Protactinium, Thorium und Actinium

[1] Aus dem Kaiser Wilhelm-Institut für Chemie in Berlin-Dahlem. Eingegangen 22. Dezember 1938.

[2] O. HAHN u. F. STRASSMANN, Naturwiss. 26, 756 (1938).

Bild 39: Auszug aus dem Bericht Otto Hahns und Fritz Straßmanns über die Entdeckung der Kernspaltung. (Foto: Deutsches Museum)

wanderte, sah die Gefahr wachsen, daß das faschistische Deutschland in absehbarer Zukunft in den Besitz von Atomwaffen gelangen könnte. Um keine Zeit zu verlieren, nahm er Verbindung mit anderen Fachgenossen auf, die aus dem nationalsozialistischen Deutschland emigriert waren, dar-

Bild 40: Der Arbeitstisch Otto Hahns, wie er heute im Deutschen Museum in München zu sehen ist. Auf diesem Tisch gelang Hahn im Jahre 1939 in Berlin die Uranspaltung. (Foto: Deutsches Museum)

unter seinem Landsmann E.P. Wigner, dem späteren Nobelpreisträger. So sehr beide Wissenschaftler entschlossen waren, der brisanten Situation so schnell wie möglich entgegenzuwirken, so schwer erwies es sich für sie, eine amerikanische Regierungsstelle anzusprechen. Auf der Suche nach einer geeigneten Persönlichkeit, die kraft ihrer Autorität die benötigte Verbindung zur US-Regierung herzustellen vermochte, wandten sich die beiden Physiker an Einstein, der in den USA bekannter war als selbst der Präsident. Einstein verbrachte gerade seinen Sommerurlaub auf Long Island. Zusammen mit Eduard Teller trafen sich die Wissenschaftler im Juli 1939 mit dem Weisen von Princeton zu der folgenreichen Unterredung.

Was von dieser Unterredung bekannt geworden ist, läßt darauf schließen, daß Einstein aufgrund der Tatsache, daß er in Princeton nahezu abgeschlossen von der Außenwelt lebte und gänzlich den Problemen der einheitlichen Feldtheorie absorbiert war, über die Zuspitzung der Entwicklung und ihre politischen Hintergründe nur unzureichend informiert war. Als seine Besucher versuchten, ihm die Gefahr zu verdeutlichen, vor der die Welt stand, falls Hitler im Besitz von Atomwaffen sei, antwortete er: „Daran habe ich gar nicht gedacht!“

Die historische Unterredung blieb nicht ohne Ergebnis. Es folgte ein zweites Treffen auf Long Island, und Einstein, der die heraufziehende Gefahr erkannte, war bereit, etwas dagegen zu unternehmen. Was jedoch konkret zu tun war, darüber waren sich auch seine Besucher noch nicht schlüssig. Zunächst dachten sie daran, daß Einstein die Königmutter Elisabeth von Belgien, mit der er befreundet war und mit der er oft zusammen musiziert hatte, bitten sollte, darauf hinzuwirken, daß Deutschland von Belgien nicht mehr mit Uran aus der belgischen Kolonie Kongo beliefert würde. Zugleich sollte das Außenministerium der USA von diesem Schreiben in Kenntnis gesetzt und gebeten werden, gegebenenfalls innerhalb von vierzehn Tagen dagegen Einspruch zu erheben.

Bild 41: Die zweite und bislang letzte Atombombe gegen „weiche Ziele“ wurde am 9. August 1945 über Nagasaki gezündet.

Kaum war der Plan gefaßt, wurde er jedoch als unzureichend erkannt. Leo Szilard schlug vor, die US-Regierung direkt auf die Möglichkeit der militärischen Nutzung der Atomenergie aufmerksam zu machen und damit die Aufforderung zu verbinden, für den Fall einer deutschen Atomrüstung eigene Atomwaffen zu entwickeln. Einstein sollte den Brief an den Präsidenten unterzeichnen, der durch den Präsidentenberater Alexander Sachs übermittelt werden sollte.

Dieser Brief ist in der Tat geschrieben worden, wenngleich seine Entstehung nicht lückenlos dokumentiert werden kann. Es steht fest, daß Einstein den Präsidenten einleitend darauf aufmerksam machte, daß das Element Uran in absehbarer Zeit zu einer bedeutsamen Energiequelle gemacht werden könne. Darauf folgte der Hinweis auf die Möglichkeit, die Kernspaltung zur Herstellung „neuartiger Bomben mit höchster Detonationsgewalt“ zu nutzen. Der Brief schloß mit der Information, „daß Deutschland den Verkauf von Uran aus den von ihm übernommenen tschechoslowakischen Bergwerken eingestellt habe.“

Die Annahme, daß das nationalsozialistische Deutschland an der Entwicklung der Atombombe arbeite — sie sollte sich nach dem Ende des Krieges als falsch erweisen — gründete sich nicht auf bloße Besorgnisse der Unterzeichner des Briefes, sondern auf Informationen aus Deutschland, welche die emigrierten Physiker auf Umwegen erreichten.

Einsteins Brief erreichte den Präsidenten erst nach zwei Monaten. Vergebens warteten die Absender auf eine rasche Reaktion der amerikanischen Regierung. Einstein schrieb daher am 7. März 1940 einen zweiten Brief, der, äußerlich an Sachs gerichtet, in der Hoffnung abgeschickt wurde, daß er dem Präsidenten vorgelegt werde. Es wird vermutet, daß Sachs selbst an der Abfassung dieses Briefes beteiligt war. Wiederum blieb die erwartete Reaktion des Präsidenten aus.

Am 25. April 1940 schrieb Einstein schließlich einen letzten Brief in dieser Angelegenheit an den Vorsitzenden des mittlerweile gegründeten Uran-Komitees, in dem er konkrete Vorschläge für die Verwirklichung des Atomprojekts machte. Doch erst nachdem die Vereinigten Staaten unter dem Eindruck des japanischen Angriffs auf den amerikanischen Flottenstützpunkt Pearl Harbour am 7. Dezember 1941 in den Zweiten Weltkrieg eingetreten waren, gewann das Atomprojekt höchste Priorität. Es wurde unter dem Decknamen „Manhattan-Projekt“ betrieben und führte nach vier Jahren zur Produktion der ersten Atombombe.

Einstein selbst ist an diesem Projekt nicht beteiligt gewesen. Die Gründe dafür sind verschiedenartig. Manche betrachteten seine Mitwirkung als ein Sicherheitsrisiko, da man befürchtete, Einstein könnte aus Sorge um die Bedrohung der Menschheit durch die neue Waffe das Geheimnis des Projektes in die Öffentlichkeit tragen. Ein anderer Grund war das fortgeschrittene Alter des Wissenschaftlers, der sich dem 60. Lebensjahr näherte, so daß ihm der Aufenthalt in Los Alamos, der Forschungsstätte für die Entwicklung der Bombe, nicht zuzumuten war.

Es ist jedoch ein weiterer Beitrag des Wissenschaftlers zur Entwicklung der Atombombe bekannt. Als das Amt für naturwissenschaftliche Forschung und Entwicklung im Jahre 1941 das Programm einer militärischen Nutzung der Kernenergie in Angriff nahm, wurde Einstein vom Leiter des Instituts, Bush, gebeten, eine theoretische Studie zum Problem der Trennung des Uran-235 von seinen Isotopen zu erarbeiten, ohne daß ihm der eigentliche Zweck des Beitrags mitgeteilt wurde. Diese Studie ist von Einstein zur vollen Zufriedenheit des Auftraggebers erstellt worden.

Eine weitere Beteiligung Einsteins an dem Projekt der amerikanischen Atombombe ist nicht bekannt. Man nimmt jedoch an, daß er von Szilard und anderen Mitarbeitern trotz des Geheimhaltungsgebots auf dem Laufenden gehalten wurde. So mag es sich erklären, daß Einstein, als der Abwurf der ersten Atombombe in Rundfunk und Presse bekanntgegeben wurde, sich auf den Ausruf beschränkte: „O weh!".

Seine erste Stellungnahme zum Problem der Atombombe legte Einstein im November 1945 in einem Artikel mit dem Titel „Atomkrieg oder Friede" in den Vereinigten Staaten nieder, in dem er sich keineswegs als der Vater der befreiten Atomenergie betrachtete.

Fünf Jahre später (1950) schrieb er einem Kriegsgegner die folgenden Worte:

> „Ich habe mich niemals an Unternehmungen militärisch-technischer Natur beteiligt und habe keine Forschungen gemacht, die irgendeinen Bezug auf die Herstellung von Atombomben hatten. Mein einziger Beitrag auf diesem Gebiet war, daß ich 1905 die Beziehung zwischen Masse und Energie feststellte, eine Wahrheit über die physikalische Welt von sehr allgemeiner Natur, deren mögliche Verknüpfung mit dem militärischen Potential meinen Gedanken vollkommen fremd war. Mein einziger Beitrag im Hinblick auf die Atombombe bestand darin, daß ich im Jahre 1939 einen Brief an Präsident Roosevelt unterzeichnete, in welchem ich seine Aufmerksamkeit lenkte auf die Möglichkeit, eine derartige Bombe herzustellen, und auf die Gefahr, daß die Deutschen diese Möglichkeit nützen könnten. Ich hielt dies für meine Pflicht, da es deutliche Anzeichen dafür gab, daß die Deutschen an einem solchen Projekt arbeiteten."

Und wiederum zwei Jahre später (1952) erklärte Einstein in einem Brief an den Herausgeber einer japanischen Zeitschrift:

> „Meine Beteiligung bei der Erzeugung der Atombombe bestand in einer einzigen Handlung: Ich unterzeichnete einen Brief an Präsident Roosevelt, in dem die Notwendigkeit betont wurde, Experimente im Großen anzustellen zur Untersuchung der Möglichkeit der Herstellung einer Atombombe. Ich war mir der furchtbaren Gefahr wohl bewußt, die das Gelingen dieses Unternehmens für die Menschheit bedeutete. Aber die Wahrscheinlichkeit, daß die Deutschen am selben Problem mit Aussicht auf Erfolg arbeiten dürften, hat mich zu diesem Schritt gezwungen. Es blieb mir nichts anderes übrig, obwohl ich stets ein überzeugter Pazifist gewesen bin. Töten im Krieg ist nach meiner Auffassung um nichts besser als gewöhnlicher Mord."

Die letzte Äußerung Einsteins zu diesem Thema findet sich wenige Wochen vor seinem Tode in einem Brief an seinen Freund Max von Laue:

„Meine Tätigkeit in bezug auf die Atombombe und Roosevelt bestand allein in der Tatsache, daß ich angesichts der Gefahr, daß Hitler als erster die Bombe besitzen könnte, einen Brief an den Präsidenten unterzeichnete, den Szilard entworfen hatte. Hätte ich gewußt, daß diese Befürchtung ungerechtfertigt war, hätte ich mich ebenso wenig wie Szilard am Öffnen dieser Büchse der Pandora beteiligt."

Daß Einstein ein unbeirrbarer Gegner jeglicher gewaltsamen Auseinandersetzung war und ein Leben lang für den Frieden eintrat, steht außer Zweifel. Man kann jedoch rückblickend nachempfinden, welche Bedrohung er und die zahlreichen übrigen Emigranten aus dem Deutschland der Nationalsozialisten in dem bloßen Gedanken erblicken mußten, daß dem Dritten Reich die Entwicklung einer Atombombe gelingen könnte. Aus dieser Angst heraus richtete er sein berühmtes Schreiben an den amerikanischen Präsidenten und aus dieser Angst begründete er sein Handeln, als er nach dem Abwurf der ersten Atombomben wieder und wieder mit Anschuldigungen überhäuft wurde. Deswegen wurde er bis zu seinem Tode nicht müde, gegen die Gefahr der atomaren Selbstvernichtung der Menschheit zu kämpfen. Er teilte seine Zeit, wie er selbst sagte, „zwischen Politik und Gleichungen", um den Frieden in der Welt zu sichern. Sein Bemühen hatte allenfalls bedingt Erfolg. Fast 40 Jahre nach dem Abwurf der ersten Atombombe über Hiroshima und Nagasaki entfallen aufgrund der atomaren Aufrüstung auf jeden Erdbewohner etwa 15 t äquivalenten konventionellen Sprengstoffs und die Hoffnung, daß sich dieses wahnwitzige Potential in Zukunft verringern könnte, schwindet von Tag zu Tag.

Literatur

I. Einsteins Publikationen (Auswahl)

1. Zur Elektrodynamik bewegter Körper, Ann. der Physik, Bd. XVII, S. 891–921, 1905
2. Über die vom Relativitätsprinzip geforderte Trägheit der Energie, Ann. der Physik, Bd. XXIII, S. 371–384, 1907
3. Über den Einfluß der Schwerkraft auf die Ausbreitung des Lichtes, Ann. der Physik, Bd. XXXV, S. 898–908, 1911
4. Entwurf einer Verallgemeinerten Relativitätstheorie und eine Theorie der Gravitation. I. Physikalischer Teil von A. Einstein. II. Mathematischer Teil von M. Großmann, 1913
5. Die Grundlagen der allgemeinen Relativitätstheorie, Ann. der Physik, Bd. XLIX, S. 769–822, 1916
6. Über die spezielle und die allgemeine Relativitätstheorie, gemeinverständlich, Braunschweig 1917
7. Prinzipielles zur allgemeinen Relativitätstheorie, Ann. der Physik, Bd. LV, S. 241–244, 1918
8. Prüfung der allgemeinen Relativitätstheorie, Natur, Bd. 7, Berlin 1919
9. Neue Möglichkeiten für eine einheitliche Feldtheorie von Gravitation und Elektrizität, PA, S. 224–227, 1928
10. Die Evolution der Physik, von Newton bis zur Quantentheorie, Hamburg 1956

II. Allgemeinverständliche Publikationen über Einsteins Werk

1. Wiechert, E.: Prinzipielles über den Äther und Relativitätstheorie, Leipzig 1922
2. London, L.D. u. Rumer, J.B.: Was ist Relativitätstheorie?, Leipzig 1942
3. Infeld, Leopold: Albert Einstein. Sein Werk und sein Einfluß auf unsere Welt, Wien 1953
4. Cassirer, Ernst: Zur modernen Physik, Darmstadt 1964
5. Born, Max: Die Relativitätstheorie Einsteins, Berlin 1964
6. Broglie, Louis De: Albert Einstein, Paris 1966
7. Karamanolis, Stratis: Einstein für Anfänger, München 1982

III. Biographien (Auswahl)

1. Frank, Philipp: Einstein. Sein Leben und seine Zeit, Braunschweig 1979
2. Horneck, Friedrich: Albert Einstein. Ein Leben für Wahrheit, Menschlichkeit und Frieden, Berlin 1963
3. Seelig, C.: Albert Einstein und die Schweiz, Wien 1952
4. Wartenweiler, F.: Albert Einstein. Das moderne Weltbild und das Gewissen, Olten 1964
5. Weithäuser, G.J.: Albert Einstein, Berlin 1956